Wissenschaftliche Taschenbücher

Mathematik · Physik

Dieter Klaua

# Elementare Axiome der Mengenlehre

Akademie-Verlag · Berlin
Pergamon Press · Oxford
Vieweg + Sohn · Braunschweig

WTB Wissenschaftliche Taschenbücher

ROLF BORSDORF / MANFRED SCHOLZ
**Spektroskopische Methoden in der organischen Chemie**

WERNER HABERDITZL
**Magnetochemie**

GERHARD HEBER
**Mathematische Hilfsmittel der Physik,** Teil I und II

A. A. SOKOLOW
**Elementarteilchen**

HEINZ AHRENS
**Varianzanalyse**

HANS-JÜRGEN TREDER
**Relativität und Kosmos**
Raum und Zeit in Physik, Astronomie und Kosmologie

ALBERT EINSTEIN
**Grundzüge der Relativitätstheorie**

ALBERT EINSTEIN
**Über die spezielle und die allgemeine Relativitätstheorie**

GÜNTHER LUDWIG
**Wellenmechanik.** Einführung und Originaltexte

HARRY PAUL
**Lasertheorie,** Teil I und II

FRANZ RUDOLF KESSLER
**Einführung in die physikalischen Grundlagen der Kernenergiegewinnung**

EBERHARD HOFMANN
**Eiweiße und Nucleinsäuren als biologische Makromoleküle**
Dynamische Biochemie, Teil I

EBERHARD TEUSCHER
**Pharmakognosie, Teil I und II**

D. TER HAAR
**Quantentheorie.** Einführung und Originaltexte

J. H. SANDERS
**Die Lichtgeschwindigkeit.** Einführung und Originaltexte

JEAN KUNTZMANN
**Unendliche Reihen**
Mathematische Hilfsmittel der Physik und Chemie
Mit 94 Übungen und 29 Aufgaben

JEAN KUNTZMANN
**Systeme von Differentialgleichungen**
Mathematische Hilfsmittel der Physik und Chemie
Mit 88 Übungen und 40 Aufgaben

JEAN KUNTZMANN
**Komplexe Veränderliche**
Mathematische Hilfsmittel der Physik und Chemie
Mit 90 Übungen und 37 Aufgaben

FERDINAND CAP
**Einführung in die Plasmaphysik**
**I. Theoretische Grundlagen**
— insgesamt 3 Bände —

J. A. ROSANOW
**Wahrscheinlichkeitstheorie**

HARRY PFEIFER
**Theorie linearer Bauelemente**
Elektronik für den Physiker I

HARRY PFEIFER
**Die Elektronenröhre**
Elektronik für den Physiker II

HARRY PFEIFER
**Schaltungen mit Elektronenröhren**
Elektronik für den Physiker III

HARRY PFEIFER
**Leitungen und Antennen**
Elektronik für den Physiker IV

HARRY PFEIFER
**Mikrowellenelektronik**
Elektronik für den Physiker V

HARRY PFEIFER
**Halbleiterelektronik**
Elektronik für den Physiker VI

SIEGFRIED HAUPTMANN
**Über den Ablauf organisch-chemischer Reaktionen**

GERHARD HÜBNER / KLAUS JUNG / ECKART WINKLER
**Die Rolle des Wassers in biologischen Systemen**

STEPHEN G. BRUSH
**Kinetische Theorie,** Teil I und II

EBERHARD HOFMANN
**Eiweiße und Nucleinsäuren als biologische Makromoleküle**
Dynamische Biochemie Teil I

EBERHARD HOFMANN
**Enzyme und energieliefernde Stoffwechselreaktionen**
Dynamische Biochemie, Teil II

HERBERT GOERING
**Elementare Methoden zur Lösung von Differentialgleichungsproblemen**

PETER KRUMBIEGEL
**Isotopieeffekte**

D. M. BRINK
**Kernkräfte.** Einführung und Originaltexte

DIETER ONKEN
**Steroide**
Zur Chemie und Anwendung

HEINZ GEILER
**Ökologie der Land- und Süßwassertiere**

DIETER J. SCHADACH
**Biomathematik,** Teil I und II

ARTHUR P. CRACKNELL
**Angewandte Gruppentheorie**
Einführung und Originaltexte

DIETER KLAUA
**Elementare Axiome der Mengenlehre**
Einführung in die Allgemeine Mengenlehre I

*Vorschau auf die nächsten Bände:*

EBERHARD HOFMANN
**Intermediärstoffwechsel**
Dynamische Biochemie, Teil III

GÜNTER TEMBROCK
**Grundlagen der Tierpsychologie**

J. F. VINSON
**Optische Kohärenz in der klassischen Theorie und in der Quantentheorie**

W. R. HINDMARSH
**Atomspektren**
Einführung und Originaltexte

GÜNTER TEMBROCK
**Biokommunikation**
Informationsübertragung im biologischen Bereich
Teil I und II

WTB

BAND 81

*Dieter Klaua*

# Elementare Axiome der Mengenlehre

## Einführung in die Allgemeine Mengenlehre I

AKADEMIE-VERLAG · BERLIN

PERGAMON PRESS · OXFORD

VIEWEG + SOHN · BRAUNSCHWEIG

*Reihe* MATHEMATIK UND PHYSIK

Herausgeber:
Prof. Dr. rer. nat. habil. G. Heber, Dresden
Prof. Dr. phil. habil. W. Holzmüller, Leipzig
Prof. Dr. phil. habil. A. Lösche, Leipzig
Prof. Dr. phil. habil. H. Reichardt, Berlin
Prof. Dr. phil. habil. J. Schintlmeister, Dresden
Prof. Dr. phil. habil. K. Schröder, Berlin
Prof. Dr. phil. habil. K. Schröter, Berlin
Prof. Dr. rer. nat. habil. H.-J. Treder, Potsdam

Verfasser:
*Prof. Dr. rer. nat. habil. D. Klaua*
Karl-Marx-Universität Leipzig

ISBN 3 528 06081 6

1971

Lizenznummer: 202 · 100/426/71
Herstellung: VEB Druckhaus „Maxim Gorki", 74 Altenburg
Bestellnummer: Akademie-Verlag 761 426 1 (7081) · ES 19 B1
Pergamon Press 08 017592 9
Vieweg + Sohn 6081
Printed in German Democratic Republic

# Vorwort

Der deutsche Mathematiker Georg Cantor (1845 bis 1918) begründete gegen Ende des vorigen Jahrhunderts die Theorie beliebiger Mengen von Dingen, die *Mengenlehre.* Diese neue mathematische Disziplin hat aus ihren Anfängen heraus eine derart umfassende Entwicklung durchlaufen, daß sich heute einheitlich alle mathematischen Begriffe als mengentheoretische Begriffe erklären und alle mathematischen Ergebnisse im Rahmen der Mengenlehre erzielen lassen und man deshalb die Wissenschaft *Mathematik* — die in Naturwissenschaft, Technik und Ökonomie breiteste praktische Anwendung findet — mit der Mengenlehre identifizieren kann. Unter *Allgemeine Mengenlehre* oder *Abstrakte Mengenlehre* versteht man dasjenige Teilgebiet der Mengenlehre, welches die für die Grundlegung der Mathematik wichtigen — also die in diesem Sinne allgemeinsten — mengentheoretischen Begriffe und Tatsachen behandelt. Die Allgemeine Mengenlehre bildet somit heute das *Fundament der Mathematik.*

Mit der zunehmenden Bedeutung der Mathematik und wegen des immer stärkeren Eindringens der bewährten mengentheoretischen Denkweise in die Mathematikausbildung an Universitäten und Schulen wächst beständig das Interesse an Allgemeiner Mengenlehre. Unser in drei Bänden erscheinendes Buch möchte eine Einführung in die Allgemeine Mengenlehre geben unter folgenden Gesichtspunkten:

(1) Es soll ein Axiomensystem der Mengenlehre und damit der Mathematik entwickelt werden, mit dessen Grundbegriffen sich erfahrungsgemäß alle derzeitigen

mathematischen Begriffe definieren und aus dessen Axiomen sich erfahrungsgemäß alle derzeitigen mathematischen Ergebnisse durch rein logisches Schließen beweisen lassen. Auf Grund dieser axiomatischen Behandlungsmethode betreiben wir *axiomatische Mengenlehre.*

(2) Die Darstellung soll den in der modernen Mathematik üblichen Anforderungen an Exaktheit genügen und gleichzeitig so verständlich gehalten sein, daß sich jeder mathematisch aufgeschlossene Leser mit Hochschulreife und gutem Willen den Inhalt des Buches im Selbststudium erarbeiten kann. Der Leserkreis umfaßt demnach, bezogen auf das Fachgebiet Mathematik: Befähigte Schüler der oberen Klassen; Studenten, Assistenten, wissenschaftliche Mitarbeiter und Dozenten an Universitäten, Hochschulen, Forschungsinstituten, pädagogischen Institutionen; Diplom-Mathematiker, Lehrer. Unter derselben Voraussetzung der Hochschulreife ist das Buch natürlich auch generell all denjenigen Lesern zu empfehlen, die sich für eine exakte Grundlegung der modernen Mathematik interessieren.

(3) Die Ziele von (1), (2) werden in zwei Etappen erreicht. Wir stellen in der ersten Etappe zunächst ein elementares Axiomensystem der Mengenlehre auf, welches trotz aller Exaktheit für den Anfänger verständlich behandelt werden kann und mit dessen Grundbegriffen und Axiomen die meisten Begriffe und Ergebnisse der heutigen Mathematik — darunter etwa die Analysis — gemäß (1) einheitlich deduktiv erfaßt werden. Dieses Axiomensystem reicht also für eine erste brauchbare axiomatische Einführung in die Mengenlehre aus und bildet mit seinen für die Grundlegung der Mathematik wichtigsten allgemein-mengentheoretischen Konsequenzen den Hauptinhalt des Buches. Nach Gewöhnung des Lesers an die mengentheoretische Denkweise nehmen wir dann in der zweiten Etappe eine Erweiterung des elementaren Axiomensystems vor, um (1) vollständig zu erfüllen.

(4) Das Verständnis der Theorie setzt keine mathematischen Kenntnisse voraus, wohl aber die Fähigkeit und Bereitschaft, der entwickelten Abstraktion und logischen Präzision zu folgen. Höchstens zur Belebung der Beispiele werden gelegentlich mathematische Schulkenntnisse herangezogen. Die Lektüre erfordert aktive Mitarbeit des Lesers. Es ist zur Festigung der erworbenen mengentheoretischen Kenntnisse dringend zu empfehlen, ab Kapitel II des vorliegenden ersten Bandes alle Lehrsätze des Buches, deren Beweis nur durch die Bemerkung angedeutet wird, daß die aufgestellten Behauptungen unmittelbar aus den Definitionen oder bereits Bekanntem folgen, als Übungsaufgaben zu betrachten und sorgfältig zu beweisen. Im Gegensatz zu der in die Mengenlehre naiv (d. h. unaxiomatisch) einführenden Literatur bevorzugen wir die abstraktere axiomatische Methode der Darstellung, da diese heute die für eine auch vom grundlagentheoretischen Aspekt her ernsthafte Beschäftigung mit Mengenlehre exponierte Behandlungsweise ist und dementsprechend international verwendet wird. Hinzu kommt, daß die axiomatische (oder deduktive) Methode ganz allgemein die von menschlicher Erkenntnis bevorzugte Methode wissenschaftlichen Arbeitens ist und deshalb immer dann Verwendung findet, wenn sich eine Wissenschaft axiomatisch erschließen läßt.

(5) Das Buch möchte auf Grund seiner Konzeption den Abstand mit überwinden helfen zwischen Schul- und Universitätsmathematik. Die prägnante axiomatisch-mengentheoretische Darstellungsweise der Mathematik eignet sich für ein derartiges Vorhaben besonders gut.

(6) Unser Buch „Einführung in die Allgemeine Mengenlehre" erscheint in den drei Bänden:

**Band I.** Elementare Axiome der Mengenlehre

(Einführung in die Allgemeine Mengenlehre I)

Kapitel I. *Inhaltliche Voraussetzungen*

Kapitel II. *Das elementare Axiomensystem*

**Band II.** Grundbegriffe der axiomatischen Mengenlehre

(Einführung in die Allgemeine Mengenlehre II)

Kapitel I. *Mengenalgebra, Abbildungen, Relationen, Funktionen, Operationen*

Kapitel II. *Darstellung der Mathematik im Rahmen der Mengenlehre*

**Band III.** Kardinal- und Ordinalzahlen

(Einführung in die Allgemeine Mengenlehre III)

Kapitel I. *Wohlordnungen*

Kapitel II. *Kardinal- und Ordinalzahlen*

Kapitel III. *Das erweiterte Axiomensystem*

Die in (3) geschilderte zweite Etappe umfaßt das Kapitel III des dritten Bandes; alle anderen Kapitel sämtlicher Bände bilden die erste Etappe. Die Aufteilung in drei Bände ist rein technischer Natur und berührt nicht die einheitliche Darstellung des gesamten wiedergegebenen Stoffes. Im Unterschied zu „Allgemeine Mengenlehre, Akademie-Verlag, Berlin 1968 (Band I) und 1969 (Band II)“ betrachten wir nur Mengen, keine absoluten Klassen. Die Vorteile des Klassenkalküls werden beibehalten durch die auf Universen relativierten Klassen, welche jetzt Mengen sind.

Soweit zu den orientierenden Gesichtspunkten. Dem Akademie-Verlag gebührt mein besonderer Dank für die Anregung, innerhalb der wissenschaftlichen Taschenbuchreihe eine „Allgemeine Mengenlehre“ zu schreiben.

Die Korrekturen des vorliegenden ersten Bandes „Elementare Axiome der Mengenlehre“ lasen kritisch mit die Herren Dr. S. Gottwald, Dr. R. Hebenstreit, Dipl.-Math. K.-U. Jahn und Dr. sc. M. Kühnrich. Verlag und Druckerei haben den Band in gewohnt guter Ausführung herausgebracht. Allen sei herzlich gedankt.

Berlin-Leipzig, September 1971 D. Klaua

# Inhaltsverzeichnis

KAPITEL I

*Inhaltliche Voraussetzungen*

KAPITEL II

*Das elementare Axiomensystem*

KAPITEL I

# Inhaltliche Voraussetzungen

## *§ 1. Anschauliche Grundlage*

**1. Mengen, Elementbeziehung.** Neben konkreten Dingen (z. B. Gegenstände unserer Umwelt, Himmelskörper) gibt es abstrakte Dinge (z. B. Zahlen, Beziehungen zwischen Dingen, Zuordnungen von Dingen zu Dingen, Eigenschaften von Dingen). Alle Dinge existieren dabei objektiv; d. h. unabhängig davon, welcher einzelne Mensch und ob überhaupt ein Mensch diese Dinge in sein Bewußtsein aufnimmt. Zu den abstrakten Dingen gehören die Mengen. Der Begriff *Menge* ist dabei ein nicht durch noch einfachere Begriffe erklärbarer Grundbegriff, mit dem man sich lediglich an Hand von Beispielen vertraut macht. Andere Bezeichnungen für eine Menge, die den Mengenbegriff noch etwas untermalen, sind: *Gesamtheit*, *Vielheit*, *Mannigfaltigkeit*, *Klasse*, *System*, *Charakteristisches Gemeinsames*, *Ideelle* (d. h. geistige) *Zusammenfassung zu einem einheitlichen Ganzen*, *Abstraktes einheitliches Ganzes*, *Abstrakte Einheit*, *Abstraktes Aggregat*, *Inbegriff*. Definitionen des Mengenbegriffes durch einen der angeführten synonymen Begriffe sind illusorisch, da diese Begriffe auch nicht einfacher sind. Man verwechsle beim deutschen Sprachgebrauch die in der Mengenlehre dem Mengenbegriff zugehörige Bedeutung nicht mit der Bedeutung von „Quantität“ oder „viel“, wie sie etwa in den folgenden beiden Sätzen auftritt: „Kleine Mengen Alkohol schaden nicht.“ „Ein mancher möchte eine Menge Geld verdienen.“

Beispiele für Mengen:

(1) Die Menge der Weizenkörner in einem bestimmten Sack Weizen.

(2) Die Menge der gegenwärtig in Europa existierenden Städte und der gegenwärtig ins Schwarze Meer mündenden Flüsse.

(3) Die Menge der vollen Umläufe des Mondes um die Erde im Laufe des Jahres 1970.

(4) Die Menge aller Menschen, die im Zeitraum vom Jahre 1500 bis zum Jahre 2500 das 60. Lebensjahr erreichten bzw. erreichen.

(5) Die Menge der Urlaubsreisen, die ein bestimmter Herr $A$ in seinem Leben unternimmt.

(6) Die Menge aller Mengen, welche — auf einen festen Zeitpunkt bezogen — je aus zwei die englische Sprache beherrschenden Personen bestehen. (Diese Menge besteht also aus Mengen und nicht etwa aus Personen.)

(7) Die Menge, welche aus den Mengen der Beispiele (2), (3), (4) besteht. (Diese Menge besteht also aus Mengen und nicht etwa aus den in den drei Mengen (2), (3), (4) enthaltenen Dingen.)

(8) Die Menge, welche aus den Mengen der Beispiele (1) bis (7) besteht.

(9) Die Menge aller Dinge, die gleichzeitig in den Mengen der Beispiele (7) und (8) enthalten sind. (Diese Menge ist also die Menge des Beispieles (7) selbst.)

(10) Die Menge aller Dinge, die bei vorgegebenen Mengen $M$ und $N$ in $M$ oder in $N$ enthalten sind.

(11) Die Menge aller Dinge, die bei vorgegebenen Mengen $M$ und $N$ in $M$ und in $N$ enthalten sind.

(12) Die Menge aller Dinge, die bei vorgegebenen Mengen $M$ und $N$ in $M$ und nicht in $N$ enthalten sind.

(13) Die Menge aller Dinge, die bei einer vorgegebenen Menge $M$ von Mengen in mindestens einer der Mengen von $M$ enthalten sind.

(14) Die Menge aller Dinge, die bei einer vorgegebenen Menge $M$ von Mengen und einer vorgegebenen Menge $N$ in $N$ und in allen Mengen von $M$ enthalten sind.

Die Dinge, welche durch eine Menge zusammengefaßt werden, heißen die *Elemente* der betreffenden Menge. Man sagt von einer Menge, sie *bestehe* aus ihren Elementen; man sagt von einer Menge und irgendeinem ihrer Elemente, daß sie dieses Element *besitzt* bzw. *enthält* und daß dieses Element in der Menge *enthalten* ist, in der Menge *liegt* bzw. zu der Menge *gehört*, *aus* der Menge ist. Als Abkürzung für *ist ein Element von* hat sich das Zeichen $\in$ eingebürgert, das stilisierte „ε" aus dem griechischen Wort für „ist ein", nämlich „εστι". $\in$ liest man als: *Element* und nennt die durch $\in$ ausgedrückte Beziehung zwischen Dingen die *Elementbeziehung* oder *ε-Beziehung*. Bezeichnet z. B. $M$ die Menge des obigen Beispieles (4) und $c$ den Mathematiker CANTOR, so ist $c$ ein Element von $M$; also abkürzend:

$$c \in M$$

(gelesen: $c$ *Element* $M$).

Für jedes Ding $a$ und jedes Ding $b$ gilt entweder $a \in b$ oder nicht $a \in b$, liegt also stets genau einer dieser beiden Fälle vor; es gilt $a \in b$ genau dann, wenn $b$ eine Menge und $a$ ein Element von $b$ ist; es gilt $a \in b$ genau dann nicht, wenn $b$ keine Menge ist oder wenn $b$ eine Menge und $a$ kein Element von $b$ ist. Damit wird nicht Entscheidung dieser beiden Fälle gefordert: Für beliebig vorgegebene Dinge $a$, $b$ muß nicht durch den Menschen jemals entschieden werden, welcher der beiden Fälle, $a \in b$ oder nicht $a \in b$, vorliegt. Bezeichnet z. B. $W$ die Menge aller wahren mengentheoretischen Aussagen (vgl. § 2, Abschnitte 2, 8) und $A$ eine bestimmte mengentheoretische Aussage, deren Wahrheitsverhalten bis heute unbekannt ist, so gilt zwar prinzipiell entweder $A \in W$ oder nicht $A \in W$, aber es ist nicht gewiß, ob jemals entschieden wird, welcher Fall vorliegt; denn dieses Problem muß nicht aktuell werden bzw. bleiben.

Eine Menge muß nicht wie die Mengen der Beispiele (1) bis (14) durch eine sprachlich formulierte Mengenbeschreibung definierbar sein. Z. B. existieren stets unendlich viele Mengen von Elementen einer fest vorgegebenen unendlichen Menge (etwa der Menge der natürlichen Zahlen 0, 1, 2, 3, ...), ohne daß man für jede dieser Mengen eine sprachliche Beschreibung zur Verfügung hat oder überhaupt für die Existenz irgendeiner dieser Mengen eine sprachliche Beschreibung der betreffenden Menge benötigt.

Eine Menge ist als Inbegriff ein überzeitliches und überräumliches Ding, das wir also in keinem Falle mit unseren Sinnen wahrnehmen können. Eine Menge von Menschen kann man z. B. nie sehen, höchstens die Elemente dieser Menge, nämlich die betreffenden Menschen.

Die Mengen sind *extensional* (Extensionalität des Mengenbegriffes); d. h. eine Menge ist bereits durch ihren Umfang eindeutig bestimmt oder genauer: Eine Menge ist bereits durch die in ihr enthaltenen Elemente eindeutig bestimmt. Bezeichnen also $M$ und $N$ gewisse Mengen, welche dieselben Elemente besitzen, so sind $M$ und $N$ in jedem Fall identisch, auch wenn $M$ und $N$ verschiedenartig beschrieben sind wie etwa die Mengen der Beispiele (7) und (9). Auf Grund der Extensionalität des Mengenbegriffes kann man von einer Menge $M$ als von *derjenigen* Menge sprechen, die genau die Elemente von $M$ als Elemente besitzt.

Die Mengen fallen mit den Eigenschaften zusammen, worauf auch die große Bedeutung des Mengenbegriffes für die Mathematik beruht und woraus nochmals besonders deutlich die Abstraktheit der Mengen hervorgeht. Eine Eigenschaft ist ja bei näherer Betrachtung weiter nichts als das charakteristische Gemeinsame, welches alle die durch die betreffende Eigenschaft gekennzeichneten Dinge aufweisen; die Eigenschaft „grün" — substantiviert „Das Grüne" — ist z. B. das charakteristische Gemeinsame, das allen grünen Dingen zukommt. Eine Menge ist andererseits das charakteristische Gemeinsame ihrer Elemente, also diejenige Eigenschaft, welche auf genau die Elemente dieser Menge zutrifft. *Eigenschaft* ist damit eine weitere und besonders treffende Bezeichnung für eine Menge. Von einem in einer Menge $M$ gelegenen Element $e$ sagt man dann auch, *$e$ besitzt die* (oder *ist von der*) *Eigenschaft $M$* oder *die Eigenschaft $M$ trifft auf $e$ zu.* In der Mengenlehre wird von allen bisher aufgeführten

Bezeichnungen für Mengen vorwiegend die Bezeichnung „Menge" verwendet.

**2. Hinzunahme der leeren Menge.** Der aus der Anschauung gewonnene bisherige Mengenbegriff führt nur zu Mengen, welche mindestens ein Element besitzen; denn das charakteristische Gemeinsame von gar keinen Dingen gibt es nicht. Andererseits ist es aus Gründen der Einfachheit wünschenswert, für beliebige Mengenbeschreibungen — also auch für solche, die kein einziges Element erfassen — eine zugehörige „Menge" zur Verfügung zu haben; man erspart sich dann Fallunterscheidungen. So ist es zweckmäßig, in Beispiel (5) aus Abschnitt 1 auch von der „Menge" der Urlaubsreisen zu reden, falls Herr $A$ in seinem Leben nie eine Urlaubsreise unternommen hat. Ebenso ist es in Beispiel (11) zweckmäßig, auch von der „Menge" aller Dinge, die gleichzeitig in $M$ und in $N$ enthalten sind, zu reden, falls $M$ und $N$ kein einziges gemeinsames Element besitzen. Wir helfen uns am besten, indem wir ein fest vorgegebenes, aber beliebig wählbares, materielles Ding $\emptyset$ (gelesen: *leere Menge*), etwa

$$\emptyset = \text{Planet Erde},$$

zusätzlich „Menge" nennen, nämlich *leere Menge* oder *Nullmenge*, und von nun an zum Begriff *Menge* (*Gesamtheit, Vielheit, Mannigfaltigkeit, Klasse, System, Charakteristisches Gemeinsames, Ideelle Zusammenfassung zu einem einheitlichen Ganzen, Abstraktes einheitliches Ganzes, Abstrakte Einheit, Abstraktes Aggregat, Inbegriff, Eigenschaft*) neben den bisherigen (abstrakten) — also jetzt auch: nicht leeren — Mengen noch die (konkrete) leere Menge $\emptyset$ rechnen. $\emptyset$ ist dann die einzige Menge, welche kein Element enthält, so daß auch für den um $\emptyset$ erweiterten Mengenbegriff Extensionalität gilt. Jeder Mengenbeschreibung, die kein Element erfaßt, werde $\emptyset$ als die beschriebene Menge zugeordnet.

**3. Stufenaufbau.** Wie die Mengenbeispiele (6) bis (9) aus Abschnitt 1 zeigen, gibt es nicht nur Mengen von Dingen, die selbst keine Mengen sind, sondern der Mengenbildungsprozeß schreitet nach oben in unbeschränkter Stufung weiter, indem Mengen von Mengen, Mengen von Mengen von Mengen usw. gebildet werden können. Das ist eine wesentliche Voraussetzung für die mengentheoretische Definierbarkeit mathematischer Begriffe. Ein anschaulich einleuchtender Aufbau der Mengenlehre beginnt am besten mit einer fest vorgegebenen, aber beliebig wählbaren, Menge $\boldsymbol{U}$ materieller Dinge, etwa

$$\boldsymbol{U} = \text{Menge aller Kugeln in einer bestimmten Urne.}$$

$\boldsymbol{U}$ heißt der *Urelementebereich* oder einfach *Urbereich*, seine Elemente heißen die *Urelemente*. Aus der Vielzahl der sich über $\boldsymbol{U}$ in transfiniter Stufung erhebenden Mengen greifen wir ordnend die Mengen gewisser leicht überschaubarer Stufen heraus. Um ein Durcheinandergeraten von Urelementen und Mengen zu vermeiden, wählen wir insgesamt $\boldsymbol{U}$ und $\Phi$ so, daß nicht $\Phi \in \boldsymbol{U}$ gilt.

Die *Mengen* 1-*ter Stufe* seien alle möglichen Mengen, deren Elemente Urelemente sind. Besteht z. B. $\boldsymbol{U}$ aus drei Elementen $a, b, c$ (also $a \neq b$, $a \neq c$, $b \neq c$), so sind die Mengen 1-ter Stufe die folgenden acht Mengen, wobei in geschweifte Klammern gesetzte Dingbezeichnungen jeweils die Menge derjenigen Dinge bedeuten soll, deren Bezeichnungen geklammert sind:

$$\Phi, \ \{a\}, \ \{b\}, \ \{c\}, \ \{a, b\}, \ \{a, c\}, \ \{b, c\}, \ \{a, b, c\} = \boldsymbol{U}.$$

$\Phi$ läßt sich beschreiben als Menge aller Dinge $x$ mit: $x \in \boldsymbol{U}$ und $x \neq x$. Ist $\boldsymbol{U} = \Phi$, so ist $\Phi$ die einzige Menge 1-ter Stufe.

Die *Mengen 2-ter Stufe* seien alle möglichen Mengen, deren Elemente Urelemente oder Mengen 1-ter Stufe sind, wobei mindestens eine Menge 1-ter Stufe als Element auftritt. Für Urelemente $a, b$ sind also u. a. die folgenden Mengen Mengen 2-ter Stufe:

$$\{\{a\}\}, \ \{\Phi\}, \ \{a, \{b\}\}, \ \{a, \Phi\}, \ \{\{a\}, \{b\}\}, \ \{\{a\}, \Phi\}.$$

Die *Mengen* 3-*ter Stufe* seien alle möglichen Mengen, deren Elemente Urelemente oder Mengen 1-ter oder 2-ter Stufe sind, wobei mindestens eine Menge 2-ter Stufe als Element auftritt. Für Urelemente $a$, $b$ sind also u. a. die folgenden Mengen Mengen 3-ter Stufe:

$$\{\{\{a\}\}\}, \quad \{\{\Phi\}\}, \quad \{\{a\}, \{\Phi\}\}, \quad \{\Phi, \{\Phi\}\},$$
$$\{a, \{\{b\}\}\}, \quad \{\{\{a\}\}, \{\{b\}\}\}.$$

Auf diese Weise kann man fortfahren und erhält sukzessiv zu den Mengen einer bereits erreichten Stufe die Mengen der nächsten Stufe als alle möglichen Mengen, deren Elemente Urelemente oder Mengen vorheriger Stufen sind, wobei mindestens eine Menge der letzten vorherigen Stufe als Element auftritt.
Die *Mengen* $\omega$-*ter Stufe* seien alle möglichen Mengen, deren Elemente Urelemente oder Mengen bisheriger Stufen sind, wobei Mengen beliebig hoher bisheriger Stufen als Elemente auftreten; d. h. zu jeder bisherigen Stufe gibt es eine als Element auftretende Menge von mindestens dieser Stufe. Zum Beispiel ist eine Menge $\omega$-ter Stufe die Menge aller aus $\Phi$ durch sukzessive Einermengenbildung entstehenden Mengen; ihre unendlich vielen Elemente sind also:

$$\Phi, \quad \{\Phi\}, \quad \{\{\Phi\}\}, \quad \{\{\{\Phi\}\}\},$$

Aus dieser Menge erhält man weitere Mengen $\omega$-ter Stufe, indem man etwa jede zweite Menge streicht:

$$\Phi, \quad \{\{\Phi\}\}, \quad \{\{\{\{\Phi\}\}\}\},$$

oder indem man nur jede millionste Menge stehen läßt.
Die *Mengen* $(\omega, 1)$-*ter Stufe* seien alle möglichen Mengen, deren Elemente Urelemente oder Mengen bisheriger Stufen sind, wobei mindestens eine Menge $\omega$-ter Stufe als Element auftritt. Die *Mengen* $(\omega, 2)$-*ter Stufe* seien alle möglichen Mengen, deren Elemente Urelemente oder

Mengen bisheriger Stufen sind, wobei mindestens eine Menge (ω, 1)-ter Stufe als Element auftritt. Die *Mengen* (ω, 3)-*ter Stufe* seien alle möglichen Mengen, deren Elemente Urelemente oder Mengen bisheriger Stufen sind, wobei mindestens eine Menge (ω, 2)-ter Stufe als Element auftritt. Auf diese Weise kann man fortfahren und erhält sukzessiv zu den Mengen einer bereits erreichten Stufe die Mengen der nächsten Stufe als alle möglichen Mengen, deren Elemente Urelemente oder Mengen vorheriger Stufen sind, wobei mindestens eine Menge der letzten vorherigen Stufe als Element auftritt.
Die *Mengen* (ω 2)-*ter Stufe* seien alle möglichen Mengen, deren Elemente Urelemente oder Mengen bisheriger Stufen sind, wobei Mengen beliebig hoher bisheriger Stufen als Elemente auftreten; d. h. zu jeder bisherigen Stufe gibt es eine als Element auftretende Menge von mindestens dieser Stufe. Auf diese Mengen folgen die Mengen der Stufen (ω 2, 1), (ω 2, 2), (ω 2, 3), ⋯ .
Auf alle bisherigen Mengen folgen die *Mengen* (ω 3)-*ter Stufe* und weiter die Mengen der Stufen (ω 3, 1), (ω 3, 2), (ω 3, 3), ⋯; (ω 4), (ω 4, 1), (ω 4, 2), (ω 4, 3), ⋯; (ω 5), ⋯; (ω 6), ⋯; (ω 7), ⋯; ⋯ ⋯ .

Die Mengen der sämtlichen aufgeführten bzw. durch „⋯" angedeuteten Stufen — jede dieser Stufen liegt also unterhalb einer und damit unendlich vieler Stufen ω, (ω 2), (ω 3), ⋯ — heißen die *elementaren Mengen*. Urelemente und elementare Mengen zusammen heißen *elementare Objekte* oder *elementare Elemente* oder auch die *elementaren Dinge der Mengenlehre* (*Mathematik*). Die Urelemente lassen sich dann auffassen als die elementaren Objekte der niedrigsten Stufe, der 0-*ten Stufe*, so daß schließlich der Gesamtbereich der elementaren Objekte nach der im folgenden angegebenen Stufenskala (s. S. 17) durchweg gestuft ist. Obwohl wir der Einfachheit halber die üblichen Zahlbezeichnungen 0, 1, 2, 3, ⋯ verwendet haben, sind die entsprechenden Zahlen selbst, die natürlichen Zahlen, nicht verwendet worden; man kann ja für 0, 1, 2, 3, ⋯ auch schreiben: *, |, ||, |||, ⋯. Unter Vorweg-

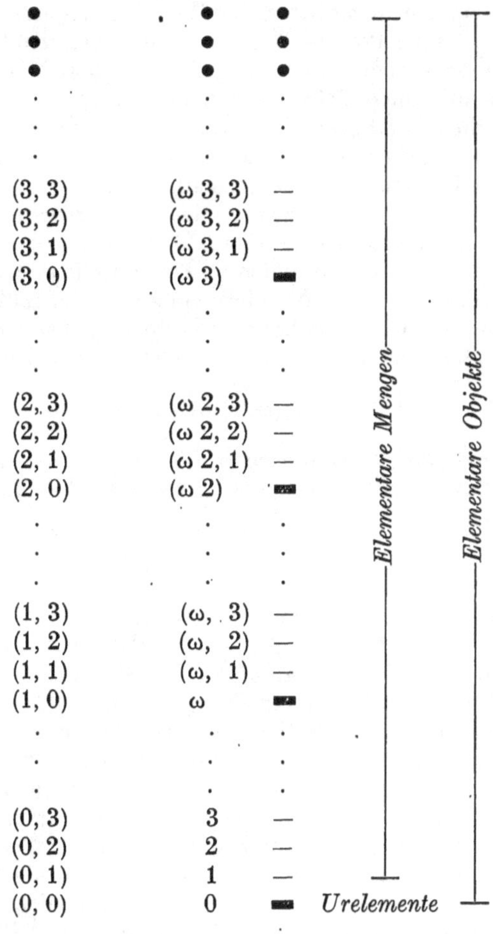


nahme der natürlichen Zahlen haben die elementaren Objekte dann offenbar die Stufen $(\omega m, n)$ für beliebige natürliche Zahlen $m, n$ oder noch kürzer einfach die Stufen $(m, n)$.

Unendliche Mengen und das Studium ihrer Eigenschaften sind Hauptbestandteile der Mathematik; man denke an die unendlichen Zahlbereiche der natürlichen, ganzen, rationalen, reellen und komplexen Zahlen. Für eine mengentheoretische Begründung der Mathematik sind somit unendliche Mengen erforderlich, da andernfalls die erwähnten Zahlenmengen nicht eingeführt werden könnten. Geht man also von einem Urbereich materieller Dinge aus — der im allgemeinen endlich ist —, so braucht man notwendig Mengen mindestens $\omega$-ter Stufe. Weiterhin ist es unerläßlich, aus vorgegebenen Mengen neue Mengen bilden zu können mit den vorgegebenen als Elementen. Man braucht also zu jeder Menge $M$ die Mengen der nächsthöheren Stufe, da sonst schon $\{M\}$ fehlt. Damit sind die Mengen mindestens der Stufen

$$1, 2, 3, \cdots, \omega, (\omega, 1), (\omega, 2), (\omega, 3), \cdots$$

unterhalb $(\omega\, 2)$ erforderlich. Für jede Menge $M$ einer der Stufen $1, 2, 3, \cdots$ steht dann u. a. die Menge der Mengen

$$M, \quad \{M\}, \quad \{\{M\}\}, \quad \{\{\{M\}\}\}, \cdots$$

(als Menge $\omega$-ter Stufe) zur Verfügung, während sie für eine Menge $M$ einer der Stufen $\omega$, $(\omega, 1)$, $(\omega, 2)$, $(\omega, 3)$, $\cdots$ (als Menge $(\omega\, 2)$-ter Stufe) fehlt. Die Vermeidung solcher den für alle betrachteten Mengen einheitlichen Ablauf der Theorie störenden Unsymmetrien erfordert die Zulassung sämtlicher elementarer Mengen. Nach dieser Argumentation bilden die elementaren Objekte einen Mindestbereich von Dingen, in welchem Mathematik mengentheoretisch fundiert werden könnte. Die Erfahrung lehrt, daß der größte Teil der heutigen Mathematik — darunter etwa die Analysis — im Bereich der elementaren Objekte mengentheoretisch darstellbar ist. Die Darstellung der Gesamtmathematik im Rahmen der Mengenlehre wird erreicht, indem man die durchgeführte Stufung über die elementaren Objekte hinaus fortsetzt. Vor Behandlung des Wohlordnungsbegriffes überschreitet aber diese durch eine Erweiterung des elementaren Axiomensystems bewirkte Fortsetzung in ihrer Schrankenlosigkeit das Vorstellungsvermögen des Lesers und wird deshalb erst in Band III vorgenommen.

Da wir uns zunächst nur mit den elementaren Objekten beschäftigen wollen, nennen wir von jetzt ab die elementaren Mengen und elementaren Objekte bzw. elementaren Elemente in bezug auf die vorgegebenen $\boldsymbol{U}$, $\emptyset$ einfach: *Mengen* und *Objekte* bzw. *Elemente*. Zur axiomatischen Fassung der Stufung der Objekte führen wir zwischen Objekten noch die *Stufenbeziehung* $\sqsubseteq$ ein. Bezeichnen $a$, $b$ irgendwelche Objekte, so bedeute

$$a \sqsubseteq b$$

(gelesen: *a stufenkleinergleich b*),

daß $a$ von niedrigerer Stufe als $b$ oder von gleicher Stufe wie $b$ ist, wofür man auch sagt, daß *a stufenkleinergleich b* bzw. *b stufengrößergleich a* ist. Zum Beispiel ist

$$\emptyset \sqsubseteq \emptyset, \quad \emptyset \sqsubseteq \{\emptyset\}, \quad \{\emptyset\} \sqsubseteq \{\{\emptyset\}\},$$
$$\boldsymbol{U} \sqsubseteq \emptyset, \quad \emptyset \sqsubseteq \boldsymbol{U}.$$

Für beliebige Objekte $a$, $b$ gilt entweder $a \sqsubseteq b$ oder nicht $a \sqsubseteq b$. Damit ist nichts über die Entscheidung dieser beiden Fälle gesagt.

**4. Wahl des Urbereiches und der leeren Menge.** Für die Mengenlehre (Mathematik) ist es gleichgültig, wie man $\boldsymbol{U}$ und $\emptyset$ wählt, nur immer so, daß $\emptyset$ nicht Element von $\boldsymbol{U}$ ist; Urelemente und leere Menge müssen dabei auch nicht notwendig materielle Dinge sein. Für beliebige solcher Grundmengen $\boldsymbol{U}$, $\emptyset$ ergibt sich nämlich formal die gleiche Theorie, da die Mengenlehre — wie wir in § 2 sehen werden — nur mit logischem Schließen nur solche Aussagen über Objekte untersucht, welche sich auch allein mit Hilfe der folgenden Ausdrucksmittel formulieren lassen: Variable für Objekte, Elementbeziehung $\in$, Stufenbeziehung $\sqsubseteq$, rein logische Begriffe und Klammern. Die spezielle Natur der Urelemente (etwa als Kugeln einer Urne) und der leeren Menge (etwa als Planet Erde) geht somit in die Theorie gar nicht ein. Diese spezielle Natur ist aber wichtig für die inhaltliche Interpretation der Theorie. Man wüßte sonst nicht, auf welche Dinge sich die Aussagen der Theorie beziehen, was die Aussagen bedeuten. Obwohl, streng genommen, jeder mit Hilfe der zugelassenen Ausdrucksmittel definierte mengentheoretische Begriff für verschiedene Exemplare der Grundmengen $\boldsymbol{U}$, $\varnothing$ auch verschiedene Bedeutung besitzt, so fallen diese Bedeutungen doch im wesentlichen zusammen. Das beruht einfach darauf, daß jede mengentheoretische Definition unabhängig von der speziellen Wahl von $\boldsymbol{U}$, $\varnothing$ lediglich an der Vorstellung der Element- und Stufenbeziehung zwischen Objekten orientiert ist. So ist der Bedeutungskern etwa der im Rahmen der Mengenlehre später definierten natürlichen Zahlen, reellen Zahlen oder Kardinal- und Ordinalzahlen für jede beliebige Wahl von $\boldsymbol{U}$, $\Phi$ derselbe.

Die Möglichkeit der freien Wahl von $\boldsymbol{U}$ bietet den Vorteil besonderer Anschaulichkeit. Wer z. B. später die mengentheoretischen Operationen der Vereinigung und des Durchschnittes mit ihren Gesetzmäßigkeiten an einem konkreten Gegenstandsbereich verfolgen will, wähle einfach diesen Gegenstandsbereich als Urbereich $\boldsymbol{U}$. Dann liefert die Theorie unmittelbar Aussagen auch über beliebige Mengen der betreffenden Gegenstände. Möchte man den Aussagen der Mengenlehre (Mathematik) eine absolute Bedeutung zusprechen — also unabhängig von der speziellen Wahl der $\boldsymbol{U}$, $\Phi$ —, so muß man sich einen festen Urbereich $\boldsymbol{U}$ und eine feste leere Menge $\Phi$ mit nicht $\Phi \in \boldsymbol{U}$ vorgeben und vereinbaren, daß die absolute Bedeutung der Aussagen als Bedeutung in bezug auf diese $\boldsymbol{U}$, $\Phi$ zu verstehen ist. Wir wählen für die absolute Interpretation:

$$\boldsymbol{U} = \Phi = \text{Planet Erde}.$$

Damit ist die anschauliche Grundlage unserer Mengenlehre genau umrissen. Von nun an liege allen Betrachtungen ein beliebig fest gewählter Urbereich $\boldsymbol{U}$ und eine beliebig fest gewählte leere Menge $\Phi$ zugrunde mit nicht $\Phi \in \boldsymbol{U}$. „Mengenlehre“ und „Mathematik“ seien synonyme Begriffe.

## *§ 2. Ausdrücke und Terme*

**1. Zeichenreihen.** Der Mensch vereinbart sich zum Zwecke gegenseitiger Verständigung Signale, wie gewisse Lautfolgen (darunter Einzellaute), gewisse Schriftzeichenreihen (darunter einzelne Schriftzeichen). Die Schriftzeichenreihen — das sind also z. B. ganz konkrete Kreidehügelreihen an einer Tafel, ganz konkrete Druckerschwärzehügelreihen in einem Buch — gehören zu den präzisesten Signalen. Wir betrachten sie daher ausschließlich und nennen sie *Zeichenreihen*. Zu den Zeichenreihen gehören die einzelnen Schriftzeichen, die *Zeichen*.

Zeichenreihen derselben äußeren Gestalt heißen „gleich“, und man spricht im Sinne dieser Gleichheit von „derselben Zeichenreihe“ und von „verschiedenen Zeichenreihen“. Die eingeführte Gleichheit besagt nicht Identität der betreffenden Zeichenreihen, sondern nur identische äußere Gestalt. Als Beispiele sind die in Anführungsstriche gesetzten Zeichenreihen:

„Die Erde dreht sich um die Sonne.“,

„Erde“, „eht si“, „h“

der Reihe nach gleich mit den in Anführungsstriche gesetzten Zeichenreihen:

„Die Erde dreht sich um die Sonne.“,

„Erde“, „eht si“, „h“,

obwohl sie mit ihnen sicher nicht identisch sind; denn jedes Ding ist nur mit sich selbst identisch. Im folgenden für gewisse Zeichenreihen getroffene Verabredungen gelten, dem gewohnten Umgang entsprechend, gleichzeitig für alle mit den betreffenden Zeichenreihen gleichen Zeichenreihen. Beispiele hierfür (vgl. die Abschnitte 2, 3, 4) sind die Zuordnung der Bedeutung zu einer Aussage oder einer Kennzeichnung oder die Verwendung von Zeichen als Variable. Jede mit einer Aussage oder Kennzeichnung gleiche Zeichenreihe besitzt automatisch dieselbe Bedeutung wie die ursprüngliche Aussage oder Kennzeichnung. Mit einem Zeichen ist automatisch jedes zu diesem gleiche Zeichen als Variable gewählt.

**2. Aussagen.** *Aussagen* sind die Sachverhalt-Beschreibungen unter den Zeichenreihen. Beispiele sind die in Anführungsstriche gesetzten Zeichenreihen: „Die Erde dreht sich um die Sonne.", „Die Menge aller Menschen aus Vergangenheit, Gegenwart und Zukunft ist nicht leer.", „Cäsar starb eines natürlichen Todes.", „Es gibt den Mann im Mond.".

Die vereinbarte Signalbedeutung jeder Aussage ist ein eindeutig zugehöriger — wirklicher oder nur gedachter — Sachverhalt. Ein nur gedachter Sachverhalt ist dabei eine bloße Sachverhalt-Vorstellung, für die es keinen in der Wirklichkeit vorliegenden Sachverhalt gibt, welcher sich in der betreffenden Vorstellung widerspiegelt. Eine Aussage heißt mit Aristoteles *wahr* (*richtig*, *gültig*) oder *falsch* (*unwahr*, *unrichtig*, *ungültig*), je nachdem, ob der durch diese Aussage beschriebene Sachverhalt wirklich oder nur gedacht ist. Als Beispiele sind die ersten beiden der obigen vier Aussagen wahr, die beiden anderen falsch. Die Erfahrung lehrt, daß jede Aussage entweder wahr oder falsch ist (Satz der Zweiwertigkeit der Logik); d. h. sie ist wahr oder falsch (Satz vom ausgeschlossenen Dritten oder Tertium non datur), und sie ist nicht gleichzeitig wahr und falsch (Satz vom ausgeschlossenen Widerspruch).

Die Entscheidung darüber, ob eine vorgelegte Aussage wahr oder falsch ist, bildet oft ein schwieriges Problem; jedes wissenschaftliche Problem besteht letzten

Endes darin, Wahrheit oder Falschheit gewisser Aussagen festzustellen. Die richtigen Aussagen einer Wissenschaft werden die *Sätze* (*Lehrsätze, Theoreme*) dieser Wissenschaft genannt und — soweit man sie kennt — zur weiteren praktischen oder theoretischen Verwertung als *wissenschaftliche Ergebnisse* aufgezeichnet. Zum Zwecke der Auffindung von Sätzen einer bestimmten Wissenschaft werden wissenschaftliche Untersuchungen durchgeführt. Sie bestehen darin, mit den der betreffenden Wissenschaft eigenen Methoden die Probleme dieser Wissenschaft zu lösen; d. h. das Wahrheitsverhalten gewisser Aussagen dieser Wissenschaft festzustellen, also festzustellen, ob gewisse Aussagen wahr oder falsch sind. So werden wir mittels mengentheoretischer Untersuchungen Ergebnisse der Allgemeinen Mengenlehre auffinden und sie aufzeichnen.

**3. Kennzeichnungen.** *Kennzeichnungen* sind die Ding-Bezeichnungen (die Namen) unter den Zeichenreihen. Beispiele sind die in Anführungsstriche gesetzten Zeichenreihen: „Erde", „Sonne", „die Menge aller Menschen aus Vergangenheit, Gegenwart und Zukunft", „Cäsar", „der Mann im Mond".

Die vereinbarte Signalbedeutung jeder Kennzeichnung ist ein eindeutig zugehöriges — wirkliches oder nur gedachtes — Ding. Ein nur gedachtes Ding ist dabei eine bloße Ding-Vorstellung, für die es kein in der Wirklichkeit existierendes Ding gibt, welches sich in der betreffenden Vorstellung widerspiegelt. Als Beispiele bezeichnen die ersten vier der obigen fünf Kennzeichnungen wirkliche Dinge, die letzte bezeichnet ein nur gedachtes Ding. Kennzeichnungen treten als Bestandteile von Aussagen auf.

Reden wir im folgenden schlechthin von Dingen oder von gewissen Dingen wie Objekten, Mengen, Zeichen usw., so meinen wir stets die wirklichen Dinge. Sollen einmal nur gedachte Dinge mit in die Betrachtungen einbezogen werden, so wird dies besonders hervorgehoben.

**4. Variable, Konstante.** *Variable* oder *Veränderliche* für gewisse Dinge — die Dinge des den betrachteten Variablen zugrunde liegenden *Variabilitätsbereiches* — sind Zeichen (etwa Buchstaben), deren jedes zur Formulierung von Aussagen über die betreffenden Dinge im Sinne der folgenden beiden Beispiele derart verwendet wird, daß man die Gattungsbezeichnung der betreffenden Dinge einspart: Wählen wir die kleinen lateinischen Buchstaben $a$, $b$, $m$, $x$ als Variable für Mengen (in bezug auf $\boldsymbol{U}$, $\Phi$), so besagt das, daß etwa die beiden Zeichenreihen

*Für jedes* $a$ *und jedes* $b$ *gibt es dasjenige* $m$ *mit für jedes* $x$: $x \in m$ *gilt genau dann, wenn* $x \in a$ *oder* $x \in b$ *gilt.*

*Es existiert nicht dasjenige* $m$, *für welches* $x \in m$ *für jedes* $x$ *gilt.*

Aussagen sein sollen mit der Bedeutung:

*Für jede Menge* $a$ *und jede Menge* $b$ *gibt es diejenige Menge* $m$ *mit für jede Menge* $x : x \in m$ *gilt genau dann, wenn* $x \in a$ *oder* $x \in b$ *gilt.*

*Es existiert nicht diejenige Menge* $m$, *für welche* $x \in m$ *für jede Menge* $x$ *gilt.*

Die Bedeutung einer mit Hilfe von Variablen formulierten Aussage ist offenbar unabhängig von der speziellen Wahl der verwendeten Variablen. Das liegt daran, daß im Sinne der angeführten Beispiele Variable einfach Bezeichnungen für irgendwelche — wirkliche oder nur gedachte — Dinge des Variabilitätsbereiches sind und wirkliche und nur gedachte Dinge nicht von ihrer Bezeichnung abhängen. So kann man etwa die durch die beiden Beispielaussagen beschriebenen Sachverhalte auch unter Verwendung anderer Mengenvariabler statt $a$, $b$, $m$, $x$ formulieren oder auch ausdrücken durch die Aussagen:

*Für jedes* $b$ *und jedes* $x$ *gibt es dasjenige* $a$ *mit für jedes* $m : m \in a$ *gilt genau dann, wenn* $m \in b$ *oder* $m \in x$ *gilt.*

*Es existiert nicht dasjenige $x$, für welches $b \in x$ für jedes $b$ gilt.*

Tritt in einer Zeichenreihe ein Zeichen an gewissen Stellen als Variable und an anderen Stellen in anderer Bedeutung auf, wie etwa der Buchstabe $a$ in der Zeichenreihe

*genau dann, wenn* $x \in a$,

so besagt eine Redewendung wie „Die Variable $a$ tritt in dieser Zeichenreihe genau einmal auf." natürlich, daß der Buchstabe $a$ genau einmal in Variablenbedeutung auftritt.

Die im folgenden mit dem Variablenbegriff durchgeführten Betrachtungen gelten für beliebige zugrunde gelegte nicht leere Variabilitätsbereiche. Da uns aber nur die Dinge der Mengenlehre interessieren, genügt es, wenn wir der Einfachheit halber stets den Bereich der Objekte (in bezug auf $U$, $\Phi$) als Variabilitätsbereich wählen und somit ausschließlich Variable für Objekte verwenden. Variable für Objekte heißen auch *Variable* (*Veränderliche*) *der Mengenlehre.* Die Zeichen $\in$, $\sqsubset$ heißen *Elementzeichen* bzw. *Stufenzeichen* und gemeinsam die *Konstanten der Mengenlehre.*

**5. Ausdrücke.** *Aussageformen* sind Zeichenreihen **Z**, für die gilt: **Z** besitzt an Variablen höchstens Objektvariable, und es gibt Objektvariable, die derart in **Z** vorkommen, daß **Z** immer dann eine Aussage wird, wenn man für jede dieser Variablen die Kennzeichnung irgendeines Objektes einsetzt oder sich eingesetzt denkt. (Für jede einzelne dieser Variablen werde natürlich an allen Stellen ihres Vorkommens in **Z** dieselbe Kennzeichnung eingesetzt, für verschiedene dieser Variablen dürfen verschiedene Kennzeichnungen eingesetzt werden.)

Beispiele. Sind $a, b, m, x$ Variable für Objekte, so sind Aussageformen:

$x \in m$ *gilt für jedes* $x$.

(in bezug auf die Variable $m$),

*Es gibt dasjenige m mit für jedes x:* $x \in m$ *gilt genau dann, wenn* $x \in a$ *oder* $x \in b$ *gilt.*

(in bezug auf die Variablen $a$, $b$),

*Für jedes x gilt:* $x \in m$ *gilt genau dann, wenn* $x \in a$ *oder* $x \in b$ *gilt.*

(in bezug auf die Variablen $m$, $a$, $b$),

$x \in m$ *gilt genau dann, wenn* $x \in a$ *oder* $x \in b$ *gilt.*

(in bezug auf die Variablen $x$, $m$, $a$, $b$),

*Es gilt* $x \in a$ *oder* $x \in b$.

(in bezug auf die Variablen $x$, $a$, $b$),

*Es gilt* $x \in a$.

(in bezug auf die Variablen $x$, $a$);

keine Aussageformen sind:

*Es existiert nicht dasjenige m, für welches* $x \in m$ *für jedes x gilt.*

*Für jedes a und für jedes b gibt es ein m mit für jedes x: wenn* $x \in a$ *oder* $x \in b$ *gilt, so gilt* $x \in m$.

*Es gilt* $x \in a$, *und es gibt ein x mit* $x \in b$.

Ist **Z** eine Aussageform in bezug auf die Variablen $\mathbf{v}, \cdots$ — in der Reihenfolge ihres ersten Auftretens in **Z**, von links nach rechts gelesen (in obigen Beispielen sind also die $\mathbf{v}_1, \cdots$ gerade die in Klammern angegebenen Variablen) —, so sind die $\mathbf{v}_1, \cdots$ eine Art Leerstellen für Objektbezeichnungen und erfahrungsgemäß eindeutig bestimmt als diejenigen Variablen von **Z**, welche in **Z** in der bei der Definition der Aussageformen angegebenen Art vorkommen. Man nennt jede der Variablen $\mathbf{v}_1, \cdots$ *frei vorkommend in* **Z**. Alle anderen Variablen von **Z** heißen *in* **Z** *gebunden vorkommend*.

Aussageformen sind keine Aussagen, da ihnen kein durch sie beschriebener — wirklicher oder nur gedachter —

Sachverhalt als Bedeutung zugeordnet ist, sondern eine Gesamtheit von — wirklichen oder nur gedachten — Sachverhalten. Aussagen, die an Variablen höchstens Objektvariable besitzen, und Aussageformen zusammen heißen *Ausdrücke*. Ausdrücke treten als wichtige Bestandteile von Aussagen auf. Nennt man naheliegend für eine Aussage **Z**, die an Variablen höchstens Objektvariable besitzt, jede in **Z** auftretende Variable *gebunden vorkommend in* **Z**, so ergibt sich für beliebige Ausdrücke **H**: Jede in **H** auftretende Variable kommt entweder frei oder gebunden in **H** vor. **H** ist genau dann eine Aussageform, wenn **H** mindestens eine freie Variable enthält. **H** ist genau dann eine Aussage, wenn **H** höchstens gebundene Variablen enthält. Die Bedeutung eines mittels Objektvariabler formulierten Ausdruckes ist offenbar unabhängig von der speziellen Wahl der verwendeten Objektvariablen.

Jeder Ausdruck **H** mit freien Variablen wird nach Definition der Aussageformen immer dann eine Aussage, wenn seine freien Variablen beliebig fest ausgewählte Objekte bezeichnen oder auch: wenn man *seine freien Variablen festhält*; d. h. immer dann, wenn man die freien Variablen uminterpretiert als Bezeichnungen (Kennzeichnungen) für ganz bestimmte Objekte, die man sich fest gewählt denkt. (Die Auswahl der bezeichneten Objekte darf dabei beliebig vorgenommen werden; für jede getroffene Auswahl bezeichnet jede freie Variable an allen Stellen ihres Vorkommens in **H** dasselbe Objekt und dürfen verschiedene freie Variablen verschiedene Objekte bezeichnen.) Ebenso entsteht natürlich aus **H** eine Aussage, wenn man allgemeiner für die freien Variablen die Kennzeichnungen bestimmter wirklicher oder nur gedachter Objekte einsetzt.

**6. Terme.** *Kennzeichnungsformen* sind Zeichenreihen **Z**, für die gilt: **Z** besitzt an Variablen höchstens Objektvariable, und es gibt Objektvariable, die derart in **Z** vorkommen, daß **Z** immer dann eine Kennzeichnung wird, wenn man für jede dieser Variablen die Kennzeichnung irgendeines Objektes einsetzt oder sich eingesetzt denkt.

Beispiele. Sind $a, b, m, x$ Variable für Objekte, so sind Kennzeichnungsformen die Variablen $a, b, m, x$ selbst und:

*dasjenige* $m$, *für welches* $x \in m$ *gilt*

(in bezug auf die Variable $x$),

*dasjenige* $m$ *mit für jedes* $x : x \in m$ *gilt genau dann, wenn* $x \in a$ *oder* $x \in b$ *gilt*

(in bezug auf die Variablen $a, b$);

keine Kennzeichnungsformen sind:

*dasjenige* $m$, *für welches* $x \in m$ *für jedes* $x$ *gilt*,

*dasjenige* $m$, *für welches gilt*: $x \in m$, *oder es gibt ein* $x$ *mit* $x \in a$.

Ist **Z** eine Kennzeichnungsform in bezug auf die Variablen **v**, ··· — in der Reihenfolge ihres ersten Auftretens in **Z**, von links nach rechts gelesen (in obigen Beispielen sind also die **v**, ··· gerade die in Klammern angegebenen Variablen) —, so sind die **v**, ··· eine Art Leerstellen für Objektbezeichnungen und erfahrungsgemäß eindeutig bestimmt als diejenigen Variablen von **Z**, welche in **Z** in der bei der Defintion der Kennzeichnungsformen angegebenen Art vorkommen. Man nennt jede der Variablen **v**, ··· *frei vorkommend in* **Z**. Alle anderen Variablen von **Z** heißen *in* **Z** *gebunden vorkommend.*

Kennzeichnungsformen sind keine Kennzeichnungen, da ihnen kein durch sie bezeichnetes — wirkliches oder nur gedachtes — Ding als Bedeutung zugeordnet ist, sondern eine Gesamtheit von — wirklichen oder nur gedachten — Dingen. Kennzeichnungen, die an Variablen höchstens Objektvariable besitzen, und Kennzeichnungsformen zusammen heißen *Terme.* Terme treten als wichtige Bestandteile von Ausdrücken auf. Nennt man naheliegend für eine Kennzeichnung **Z**, die an Variablen höchstens Objektvariable besitzt, jede in **Z** auftretende Variable *gebunden vorkommend in* **Z**, so ergibt sich für beliebige Terme **T**: Jede in **T** auftretende Variable kommt entweder frei oder gebunden in **T** vor. **T** ist genau dann eine Kennzeichnungsform, wenn **T** mindestens eine freie Variable enthält. **T** ist genau dann eine Kennzeichnung, wenn **T** höchstens gebundene Variablen enthält. Die Bedeutung eines mittels Objektvariabler formulierten Termes ist offenbar unabhängig von der speziellen Wahl der verwendeten Objektvariablen.

Jeder Term **T** mit freien Variablen wird nach Definition der Kennzeichnungsformen immer dann eine Kennzeichnung, wenn seine freien Variablen beliebig fest ausgewählte Objekte bezeichnen oder auch: wenn man *seine freien Variablen festhält*; d. h. immer dann, wenn man die freien Variablen uminterpretiert als Bezeichnungen (Kennzeichnungen) für ganz bestimmte Objekte, die man sich fest gewählt denkt. Ebenso entsteht natürlich aus **T** eine Kennzeichnung, wenn man allgemeiner für die freien Variablen die Kennzeichnungen bestimmter wirklicher oder nur gedachter Objekte einsetzt.

**7. Logische Zeichen, Ausdrucksmittel.** Für die Beschreibung mengentheoretischer Sachverhalte reichen an logischen Begriffen die folgenden bequem aus, welche gleichzeitig die Bedeutungen und Lesarten der daruntergesetzten abkürzenden *logischen Zeichen* (oder auch: *logischen Symbole*) sind:

| *nicht,* | *und,* | *oder,* | *wenn – so,* | *genau – dann – wenn,* |
|---|---|---|---|---|
| $\neg$ | $\wedge$ | $\vee$ | $\rightarrow$ | $\leftrightarrow$ |

| *für jedes,* | *es gibt (mindestens) ein,* |
|---|---|
| $\forall$ | $\exists$ |

*es gibt höchstens ein*, *es gibt genau ein*,

$\exists!$ $\exists!!$

*dasjenige*, *gleich* (*identisch*).

$\iota$ $=$

*Oder* wird stets im nicht-ausschließenden Sinne verwendet; d. h. für Aussagen **A**, **B** ist die Aussage **A** *oder* **B** auch richtig, wenn **A**, **B** beides wahre Aussagen sind. Im Gegensatz hierzu ist beim ausschließenden *entweder* **A** *oder* **B** die eine der beiden Aussagen **A**, **B** wahr, die andere falsch; *entweder* **A** *oder* **B** bedeutet also (**A** *oder* **B**) *und nicht* (**A** *und* **B**). Für Aussagen **A**, **B** bedeutet und liest man die Aussage **A** $\rightarrow$ **B**: *wenn* **A**, *so* **B**. *Es gibt Dinge der Eigenschaft E* wird gleichwertig verwendet mit *Es gibt ein Ding der Eigenschaft E*. *Gleich* bedeutet ausnahmslos die Identität (das absolute Zusammenfallen) von Dingen (sofern nichts Gegenteiliges vereinbart wird wie etwa bei der in Abschnitt 1 eingeführten Gleichheit von Zeichenreihen). Jedes Ding ist sich selbst gleich und ist nur sich selbst gleich. Ausnahmslos im Sinne der Identität (sofern nichts Gegenteiliges vereinbart wird) spricht man von *demselben Ding* und von *verschiedenen Dingen*. Das Zeichen $=$ heißt das *Gleichheitszeichen*. Das Zeichen $\vee$ ist das stilisierte „v" aus dem lateinischen nicht-ausschließenden „oder", nämlich „vel"; $\wedge$ ist das zu $\vee$ duale Zeichen, da die Begriffe „und" und „oder" duale Eigenschaften besitzen, wie wir in § 3 sehen werden. $\forall$ soll an „alle" und $\exists$ an „existiert" erinnern; denn statt „für jedes" und „es gibt ein" kann man auch sagen „für alle" und „es existiert ein". Das Zeichen $\iota$ ist das stilisierte griechische „$\iota$" und kann als Hinweis auf das „i" des lateinischen „dasjenige", nämlich „id", gedeutet werden. Innerhalb mathematischer Disziplinen, in denen sich für den Pfeil $\rightarrow$ bereits andere Bedeutungen fest eingebürgert haben (wie „konvergiert gegen"), kann man auch $\Rightarrow$ und $\Leftrightarrow$ als logische Zeichen für „wenn-so" und

„genau-dann-wenn“ verwenden. In der Allgemeinen Mengenlehre gebrauchen wir ausschließlich $\rightarrow$, $\leftrightarrow$.

Zur klaren Formulierung von Aussagen verwendet man neben den logischen Zeichen vorteilhaft noch *Klammern* „(“ und „)“ (gelesen: *Klammer auf* und *Klammer zu*) als *technische Zeichen*, um logisch zusammengehörige Aussagenbestandteile abgrenzen zu können und damit die logische Struktur der Aussagen unmißverständlich wiedergeben zu können.

Beispiele für den Gebrauch der logischen Zeichen und Klammern liefern die in den Abschnitten 5, 6 angegebenen Beispiele und Gegenbeispiele für Aussageformen bzw. Kennzeichnungsformen. Präpariert man nämlich die logische Struktur der unter jenen Beispielen auftretenden Ausdrücke und Terme heraus, so ergeben sich sofort in Übersetzung die folgenden einfachen Ausdrücke und Terme, wobei $a$, $b$, $m$, $x$, $y$ Variable für Objekte seien:

$$\forall x\,(x \in m),$$

$$\exists y\,(y = \iota m \forall x\,(x \in m \leftrightarrow (x \in a \vee x \in b))),$$

$$\forall x\,(x \in m \leftrightarrow (x \in a \vee x \in b)),$$

$$x \in m \leftrightarrow (x \in a \vee x \in b),$$

$$x \in a \vee x \in b,$$

$$x \in a,$$

$$\neg \exists y\,(y = \iota m\, \forall x\,(x \in m)),$$

$$\forall a \forall b \exists m \forall x\,((x \in a \vee x \in b) \rightarrow x \in m\ ;$$

$$\iota m\,(x \in m),$$

$$\iota m \forall x\,(x \in m \leftrightarrow (x \in a \vee x \in b)),$$

$$\iota m \forall x\,(x \in m).$$

Aus den wenigen Beispielen geht bereits der Gebrauch der logischen Zeichen hervor. Zur letzten Sicherheit sei nur noch erwähnt, daß $\forall$, $\exists$, $\exists!$, $\exists!!$, $\iota$ für uns ausschließlich so Verwendung finden, daß die Formulierungen ($a$ sei Objektvariable) *für jedes a gilt:* ⋯, *es gibt ein a mit:* ⋯, *es gibt höchstens ein a mit:* ⋯, *es gibt genau ein a mit:* ⋯, *dasjenige a mit:* ⋯ in logischen Zeichen wiedergegeben werden durch $\forall a(\ldots)$, $\exists a(\ldots)$, $\exists !a(\ldots)$, $\exists !!a(\ldots)$, $\iota a(\ldots)$, wobei die Klammern nach der anschließenden Bemerkung über das Setzen und Weglassen eingrenzender Klammern gegebenenfalls auch weggelassen werden können.

Das Setzen und Weglassen eingrenzender Klammern kann in jedem Zusammenhang ohne Bedeutungsänderung des Formulierten beliebig vorgenommen werden, sofern nur die eindeutige Interpretierbarkeit des Formulierten gewahrt bleibt. So betrachten wir z. B. für Objektvariable $a$, $b$, $m$, $x$ die beiden Zeichenreihen

$$x \in m \leftrightarrow (x \in a \vee x \in b), \qquad (x \in m \leftrightarrow (x \in a \vee x \in b))$$

als gleichbedeutende Ausdrücke, ebenso die beiden Zeichenreihen

$$\forall a \forall b \exists m \forall x ((x \in a \vee x \in b) \rightarrow x \in m),$$

$$\forall a (\forall b (\exists m (\forall x ((x \in a \vee x \in b) \rightarrow x \in m)))),$$

ebenso

$$\exists !x (a \sqsubset x), \qquad \exists !x\, a \sqsubset x.$$

Man spart weiterhin Klammern ein, indem man für die logischen Zeichen Trennungsregeln vereinbart:

(1) Von den logischen Zeichen $\leftrightarrow$, $\rightarrow$, $\vee$, $\wedge$ trennt, bezogen auf diese Reihenfolge, jedes vorhergehende Zeichen stärker als jedes nachfolgende; ein beiderseits mit einer gewissen (gleichen) Anzahl von Punkten versehenes dieser Zeichen trennt stärker als jedes dieser Zeichen, welches beiderseits mit einer geringeren Anzahl von (eventuell mit gar keinen) Punkten versehen ist; für Zeichen mit dersel-

ben Anzahl Punkten gilt in analoger Form die eingangs festgelegte Reihenfolge der Trennung.

(2) Jedes der mit einer gewissen Anzahl (eventuell mit gar keinen) Punkten versehenen Zeichen $\leftrightarrow$, $\rightarrow$, $\vee$, $\wedge$ trennt stärker als jedes der Zeichen $\neg$, $\forall$, $\exists$, $\exists!$, $\exists!!$, $\iota$.

Sind $a, b, c, x$ Variable für Objekte, so kann man als Beispiele die Ausdrücke

$$(x \in a \wedge x \in b) \vee x \in c,$$

$$x \in c \leftrightarrow (x \in a \vee x \in b),$$

$$(\neg x \in a) \rightarrow x \in b,$$

$$(\forall x (x \in a \wedge x \in b)) \wedge a \in b,$$

$$(\exists!!x(x \in a)) \rightarrow a \in b,$$

$$a = (\iota x(x \in b \vee x \in c)) \vee b = c,$$

$$a \sqsubset x \wedge (b \sqsubset x \rightarrow (c \sqsubset x \leftrightarrow a = c))$$

der Reihe nach vereinfachen zu den Ausdrücken:

$$x \in a \wedge x \in b \vee x \in c,$$

$$x \in c \leftrightarrow x \in a \vee x \in b,$$

$$\neg x \in a \rightarrow x \in b,$$

$$\forall x(x \in a \wedge x \in b) \wedge a \in b,$$

$$\exists!!x(x \in a) \rightarrow a \in b \quad \text{oder} \quad \exists!!xx \in a \rightarrow a \in b,$$

$$a = \iota x(x \in b \vee x \in c) \vee b = c,$$

$$a \sqsubset x :\wedge: b \sqsubset x .\rightarrow. c \sqsubset x \leftrightarrow a = c.$$

Die Variablen der Mengenlehre (d. h. alle jemals gewählten Objektvariablen), die Konstanten der Mengenlehre, die logischen Zeichen und die technischen Zeichen zusammen heißen die *Grundzeichen* (*Atomzeichen, Grundbegriffe*) *der Mengenlehre* oder die *Ausdrucksmittel der*

*Mengenlehre.* Es sind also die Zeichen der folgenden Tabelle der Ausdrucksmittel:

| | |
|---|---|
| Die Variablen der Mengenlehre | |
| Die Konstanten der Mengenlehre | |
| *Elementzeichen* | $\in$ |
| *Stufenzeichen* | $\sqsubset$ |
| Die logischen Zeichen | |
| *Aussagenlogische Funktoren* oder *Junktoren* | $\neg$ $\wedge$ $\vee$ $\rightarrow$ $\leftrightarrow$ |
| *Prädikatenlogische Funktoren* oder *Quantoren* | |
| *Generalisator* oder *All-Quantor* | $\forall$ |
| *Partikularisatoren* oder *Existenz-Quantoren* | $\exists$ $\exists!$ $\exists!!$ |
| *Unifikator* | $\iota$ |
| *Gleichheitszeichen* | $=$ |
| Die technischen Zeichen | |
| *Klammern* | ( ) |

Die *Konstanten der Mengenlehre im weiteren Sinne* sind alle von den Variablen verschiedenen Grundzeichen. Bei dieser Verwendung des Konstantenbegriffes heißen dann die

Konstanten $\in$, $\sqsubset$ die *außerlogischen* und die anderen die *logischen Konstanten.* Wir halten uns an den in obiger Tabelle eingeführten Sprachgebrauch.

**8. Ausdrücke, Terme und Definitionen der Mengenlehre.** *Aussagen, Aussageformen, Ausdrücke, Kennzeichnungen, Kennzeichnungsformen* und *Terme der Mengenlehre* sind solche Aussagen, Aussageformen, Ausdrücke, Kennzeichnungen, Kennzeichnungsformen und Terme, welche an Variablen höchstens Objektvariable enthalten und — sieht man von umgangssprachlicher Einkleidung ab — lediglich Abkürzungen für ausschließlich aus Grundzeichen der Mengenlehre bestehende — wirkliche oder, etwa wegen Überlänge, nur gedachte — Aussagen, Aussageformen, Ausdrücke, Kennzeichnungen, Kennzeichnungsformen und Terme sind, wobei die letzteren Aussagen, ···, Terme im Falle ihrer wirklichen Existenz zu ihren eigenen Abkürzungen gerechnet werden.

Das Abkürzungsinstrument sind dabei die mengentheoretischen Definitionen. Eine *Definition der Mengenlehre* ist eine mengentheoretische Begriffsbestimmung mittels Abkürzung, d. h. eine Begriffsbestimmung, durch welche zum Zwecke der Übersichtlichkeit und des besseren Verständnisses mengentheoretischer Aussagen neue mengentheoretische Ausdrücke bzw. Terme als Abkürzung für bereits bekannte mengentheoretische Ausdrücke bzw. Terme eingeführt werden. Man hat also vier Typen mengentheoretischer Definitionen, je nachdem, ob Aussagen, Aussageformen, Kennzeichnungen oder Kennzeichnungsformen definiert werden. Die unmittelbare definitorische Einführung mengentheoretischer Aussagen ist weniger gebräuchlich; man könnte z. B. das Extensionalitätsaxiom aus § 4 abkürzen durch *Eax*. Es verbleiben die anderen Typen I, II, III, für welche wir die folgenden Beispiele geben; $a$, $b$, $u$, $x$, $y$, $A$, $B$, $M$, $X$ seien Objektvariable:

Typ I

Definition 1. Ein Objekt $a$ ist (oder auch: „sei", „heißt", „heiße") *stufengleich* mit einem Objekt $b$, in Zeichen: $a \sqsubset\!\sqsupset b$ (gelesen: *a stufengleich b*), genau dann, wenn gilt:

$$a \sqsubset b \wedge b \sqsubset a;$$

*a* ist *stufenkleiner* als *b*, in Zeichen: $a \ulcorner b$ (gelesen: *a stufenkleiner b*), genau dann, wenn gilt:

$$a \sqsubset b \wedge \neg\, a \sqsubset\!\sqsupset b. \;\blacksquare$$

(Mit ∎ wird das Ende einer Definition oder eines Beweises gekennzeichnet.)

Definition 2. Ein Objekt $u$ ist ein *Urelement* genau dann, wenn gilt:

$$\exists x (u \ulcorner x \wedge \neg \exists y\, y \in x). \;\blacksquare$$

Definition 3. Ein Objekt $M$ ist eine *Menge* genau dann, wenn $M$ kein Urelement ist. ∎

Definition 4. Eine Menge $A$ ist eine *Teilmenge* der Menge $B$, in Zeichen: $A \subseteq B$ (gelesen: *A Teilmenge B*), genau dann, wenn gilt:

$$\forall x (x \in A \rightarrow x \in B). \;\blacksquare$$

Typ II

Definition 5. Der *Urbereich* oder *Urelementebereich*, bezeichnet mit: $\boldsymbol{U}$, ist

$$\iota X (X \textit{ Menge} \wedge \forall x (x \in X \leftrightarrow x \textit{ Urelement})). \;\blacksquare$$

Definition 6. Die *leere Menge* oder *Nullmenge*, bezeichnet mit: $\Phi$ (gelesen: *leere Menge*), ist

$$\iota X (X \textit{ Menge} \wedge \neg \exists x\, x \in X). \;\blacksquare$$

Typ III

Definition 7. Für Mengen $A, B$ ist die *Vereinigung* von $A, B$, bezeichnet mit: $A \cup B$ (gelesen: *A vereinigt*

$B$), gleich

$$\iota X(X \; Menge \wedge \forall x(x \in X \leftrightarrow x \in A \vee x \in B)). \; ■$$

Definition 8. $\{x \mid x \in A \wedge x \in B\}$ (gelesen: *Menge aller x mit* $x \in A \wedge x \in B$) ist

$$\iota X(X \; Menge \wedge \forall x(x \in X \leftrightarrow x \in A \wedge x \in B)). \; ■$$

Man beachte, daß sich alle mengentheoretischen Definitionen einheitlich auf sämtliche Objekte beziehen. Definitionen, die scheinbar nur für gewisse (bereits definierte) Objekte ausgesprochen werden, sind stets als entsprechende Definitionen für sämtliche Objekte aufzufassen. So sind die obigen Definitionen 4 und 7, die sich scheinbar nur auf Mengen beziehen, aufzufassen im Sinne der folgenden Definitionen 4* und 7*:

Definition 4*. Ein Objekt $A$ ist eine *Teilmenge* des Objektes $B$, in Zeichen: $A \subseteq B$ (gelesen: *A Teilmenge B*), genau dann, wenn gilt:

$$A \; Menge \wedge B \; Menge \wedge \forall x(x \in A \rightarrow x \in B). \; ■$$

Definition 7*. Für Objekte $A$, $B$ ist die *Vereinigung* von $A$, $B$, bezeichnet mit: $A \cup B$ (gelesen: *A vereinigt B*), gleich

$$\iota X \; (A \; Menge \wedge B \; Menge \wedge X \; Menge \wedge \forall x(x \in X \leftrightarrow x \in A \vee x \in B)). \; ■$$

Unter Verwendung der *Definitionszeichen* $\leftrightarrow_{\mathrm{Df}}$ (gelesen: *definitionsäquivalent*) und $=_{\mathrm{Df}}$ (gelesen: *definitionsgleich*) lassen sich schließlich die Definitionen 1 bis 8 in logisch prägnanter Form so angeben:

Definition 1'. $a \sqsubset\!\sqsupset b \leftrightarrow_{\mathrm{Df}} a \sqsubset b \wedge b \sqsubset a$,

$$a \; stufengleich \; b \leftrightarrow_{\mathrm{Df}} a \sqsubset\!\sqsupset b,$$

$$a \ulcorner b \leftrightarrow_{\mathrm{Df}} a \sqsubset b \wedge \neg a \sqsubset\!\sqsupset b,$$

$$a \; stufenkleiner \; b \leftrightarrow_{\mathrm{Df}} a \ulcorner b \; ■$$

Definition 2'.

$$u \textit{ Urelement} \leftrightarrow_{\mathrm{Df}} \exists x (u \sqsubset x \wedge \neg \exists y\, y \in x) \;\blacksquare$$

Definition 3'. $M \textit{ Menge} \leftrightarrow_{\mathrm{Df}} \neg M \textit{ Urelement} \;\blacksquare$

Definition 4'.

$$A \subseteq B \leftrightarrow_{\mathrm{Df}} A \textit{ Menge} \wedge B \textit{ Menge} \wedge \forall x (x \in A \rightarrow x \in B),$$

$$A \textit{ Teilmenge } B \leftrightarrow_{\mathrm{Df}} A \subseteq B \;\blacksquare$$

Definition 5'.

$$\boldsymbol{U} =_{\mathrm{Df}} \iota X (X \textit{ Menge} \wedge \forall x (x \in X \leftrightarrow x \textit{ Urelement})),$$

$$\textit{Urbereich} =_{\mathrm{Df}} \boldsymbol{U}, \textit{ Urelementebereich} =_{\mathrm{Df}} \boldsymbol{U} \;\blacksquare$$

Definition 6'. $\Phi =_{\mathrm{Df}} \iota X (X \textit{ Menge} \wedge \neg \exists x\, x \in X),$

$$\textit{leere Menge} =_{\mathrm{Df}} \Phi, \textit{ Nullmenge} =_{\mathrm{Df}} \Phi \;\blacksquare$$

Definition 7'.

$$A \cup B =_{\mathrm{Df}} \iota X (A \textit{ Menge} \wedge B \textit{ Menge} \wedge X \textit{ Menge} \wedge \forall x (x \in X \leftrightarrow x \in A \vee x \in B)),$$

$$\textit{Vereinigung } A, B =_{\mathrm{Df}} A \cup B \;\blacksquare$$

Definition 8'.

$$\{x \mid x \in A \wedge x \in B\} =_{\mathrm{Df}} \iota X (X \textit{ Menge} \wedge \forall x (x \in X \leftrightarrow x \in A \wedge x \in B)) \;\blacksquare$$

An Stelle von $\leftrightarrow_{\mathrm{Df}}$, $=_{\mathrm{Df}}$ sind auch gebräuchlich die *Definitionszeichen* $:\leftrightarrow$ (gelesen: *nach Definition äquivalent*) und $:=$ (gelesen: *nach Definition gleich*).

Bei Numerierung von Definitionen werden oft (siehe die Definitionen 1' bis 8') mehrere sachlich zusammengehörige Definitionen unter einer Definitionsnummer zusammengefaßt. In einer Definition heißt die linke, zu definierende Zeichenreihe das *Definiendum*, die rechte, definierende Zeichenreihe das *Definiens*. Da die Bedeutung mittels Objektvariabler formulierter Ausdrücke und Terme unabhängig von der speziellen Wahl der verwendeten Objektvariablen ist, sind über die Definitionen 1′ bis 8′ automatisch alle diejenigen gegenseitigen Ersetzungsmöglichkeiten zwischen bekannten und neu eingeführten mengentheoretischen Ausdrücken bzw. Termen gegeben, welche man dadurch erhält, daß man im Definiens und Definiendum jeder der Definitionen 1′ bis 8′ für die verwendeten Variablen sinngerecht beliebige andere Objektvariablen einsetzt. Diese Bemerkung gilt in analoger Weise für alle mengentheoretischen Definitionen, gleichgültig, ob sie mit oder ohne Definitionszeichen formuliert werden. Wir werden, wie bei den Definitionen 1 bis 8 bereits gehandhabt, die der Umgangssprache näherliegende Formulierung ohne Definitionszeichen bevorzugen. Wir verabreden außerdem, bei Definitionen von Ausdrücken für die Worte „genau-dann-wenn" zwischen Definiendum und Definiens einfach „wenn" oder „falls" zu setzen (mit der Bedeutung von „genau-dann-wenn").

Die Grundbegriffe (Grundzeichen) der Mengenlehre und alle durch mengentheoretische Definitionen eingeführten mengentheoretischen Ausdrücke und Terme, wobei man auftretende freie Variable auch weglassen kann, sind die *Begriffe der Mengenlehre*. Speziell sind die Konstanten $\in$, ▭ die beiden *Grundbegriffe der Mengenlehre im engeren Sinne*, aus denen heraus sich alle mengentheoretischen Begriffe schrittweise — d. h. von einfacheren zu immer komplizierteren Begriffen fortschreitend — durch logische Zusammensetzung (einschließlich = also) und Variablenverwendung aufbauen. In mengentheoretischen Begriffen auftretende besonders signifikante Einzelzeichen oder besonders signifikante kleinere Zeichengruppen heißen auch *Symbole der Mengenlehre*. Als Beispiele sind durch die Definitionen 1 bis 8 bzw. 1′ bis 8′ die folgenden mengentheoretischen Begriffe eingeführt worden: *a* ▭ *b*, ▭, *a stufengleich b*, *stufengleich*, *a* ⌜ *b*, ⌜, *a stufenkleiner b*, *stufenkleiner*, *u Urelement*, *Urelement*, *M Menge*, *Menge*,

$A \subseteq B$, $\subseteq$, *A Teilmenge B*, *Teilmenge*, $\boldsymbol{U}$, *Urbereich*, *Urelementebereich*, $\varnothing$, *leere Menge*, *Nullmenge*, $A \cup B$, $\cup$, *Vereinigung A*, *B*, *Vereinigung*,

$$\{x \mid x \in A \wedge x \in B\}, \{x \mid x \in \quad \wedge x \in \quad\};$$

alle aus den angegebenen Begriffen durch Wahl anderer Objektvariabler entstehenden Ausdrücke und Terme. Mengentheoretische Symbole sind z. B. die Grundzeichen der Mengenlehre und:

$$\sqsubset\!\!\sqsupset, \ulcorner, \subseteq, \boldsymbol{U}, \varnothing, \cup, \{x \mid \quad\}, \{\quad \mid \quad\}.$$

Welche mengentheoretischen Begriffe definiert werden, ist eine reine Zweckmäßigkeitsfrage. Man vermeide Überschneidungen bzw. halte bei Begriffen, welche in verschiedenem Zusammenhang verschiedene Bedeutungen haben, diese Bedeutungen stets auseinander!

Die zu Beginn dieses Abschnittes ausgesprochene Erklärung der mengentheoretischen Ausdrücke und Terme läßt sich jetzt unter Verwendung mengentheoretischer Begriffe auch so formulieren: *Aussagen*, *Aussageformen*, *Ausdrücke*, *Kennzeichnungen*, *Kennzeichnungsformen* und *Terme der Mengenlehre* sind solche Aussagen, Aussageformen, Ausdrücke, Kennzeichnungen, Kennzeichnungsformen und Terme, welche an Variablen höchstens Objektvariable enthalten und – sieht man von umgangssprachlicher Einkleidung ab – lediglich aus mengentheoretischen Begriffen zusammengesetzt sind. Man erhält dabei fortlaufend neue solcher Zusammensetzungen mengentheoretischer Begriffe durch rein logisches Zusammensetzen; d. h. durch Komposition mengentheoretischer Ausdrücke bzw. Terme mit Hilfe der logischen Zeichen und durch Einsetzen mengentheoretischer Terme für die freien Variablen mengentheoretischer Ausdrücke und Terme.

Beispiele: 1) Die in Abschnitt 7 aufgeführten Ausdrücke und Terme und deren umgangssprachliche Formulierungen aus den Abschnitten 5, 6 sind mengentheoretische Ausdrücke und Terme.

2) Sind $x, A, B, M, X$ Objektvariable, so sind unter Verwendung der obigen Definitionen

a) mengentheoretische Aussagen:

$\neg\, \Phi \mathrel{\sqsubset\!\sqsupset} \Phi \cup \dot{\Phi}$,

$\forall A \forall B \forall M \exists X (X \textit{ Menge} \wedge \forall x(x \in (A \cup B) \cup M \to x \in X))$,

*Es gibt höchstens eine Menge ohne Elemente, und die leere Menge ist Teilmenge von allen Mengen.*,

$\exists! M (M \textit{ Menge} \wedge \neg \exists x x \in M) \wedge \forall M (M \textit{ Menge} \to \Phi \subseteq M)$;

b) mengentheoretische Aussageformen:

$x \in \Phi \leftrightarrow \neg\, x = x$,

$\Phi \textit{ Urelement} \wedge (A \cup B) \textit{ Menge} \to \boldsymbol{U} \sqsubset (X \cup A) \cup (X \cup B)$;

c) mengentheoretische Kennzeichnungen:

$\boldsymbol{U}$, *Urbereich*, $\Phi$, *leere Menge*,

*diejenige Menge, welche genau ein Urelement enthält*,

$\iota M (M \textit{ Menge} \wedge \exists!! x (x \in M \wedge x \textit{ Urelement}))$;

d) mengentheoretische Kennzeichnungsformen:

$X \cup \boldsymbol{U}$,

$\iota X (X \sqsubset \Phi \vee X \mathrel{\sqsubset\!\sqsupset} A \cup (B \cup M))$.

3) Die Aussage

*Im Urbereich sind Steine enthalten.*

ist keine mengentheoretische Aussage; die Kennzeichnung

*dasjenige Urelement, welches blau ist*

ist keine mengentheoretische Kennzeichnung. Denn man

erhält zwar

$$\exists x(x \in \boldsymbol{U} \wedge x \textit{ Stein}), \qquad \iota x(x \in \boldsymbol{U} \wedge x \textit{ blau})$$

für jene Aussage bzw. Kennzeichnung ($x$ sei Objektvariable), aber

$$x \textit{ Stein}, \quad x \textit{ blau}$$

sind sicher keine mengentheoretischen Ausdrücke.

In jedem mengentheoretischen Ausdruck bzw. Term kommt jede auftretende Objektvariable entweder frei oder gebunden vor. Die mengentheoretischen Aussagen bzw. Kennzeichnungen sind diejenigen mengentheoretischen Ausdrücke bzw. Terme, welche höchstens gebundene Variablen enthalten. Die mengentheoretischen Aussage- bzw. Kennzeichnungsformen sind diejenigen mengentheoretischen Ausdrücke bzw. Terme, welche mindestens eine freie Variable enthalten. Mengentheoretische Terme bzw. Ausdrücke treten als wichtige Bestandteile mengentheoretischer Ausdrücke bzw. Aussagen auf.

Mengentheoretische Ausdrücke, die vorwiegend aus mengentheoretischen Symbolen bestehen (vor allem derartige mengentheoretische Aussageformen), heißen auch *Formeln der Mengenlehre.*

Ein mengentheoretischer Ausdruck der Gestalt:

$$\mathbf{T}_1 = \mathbf{T}_2,$$

wo $\mathbf{T}_1$, $\mathbf{T}_2$ mengentheoretische Terme bedeuten, heißt eine *Gleichung der Mengenlehre;* steht statt des Gleichheitszeichens $=$ das Ungleichheitszeichen $\neq$ oder ein Zeichen wie z. B. $<$ bzw. $\leqq$ für eine zwischen gewissen Objekten (etwa zwischen Zahlen) eingeführte Anordnungsbeziehung, eine Kleiner- bzw. Kleinergleichbeziehung:

$$\mathbf{T}_1 \neq \mathbf{T}_2, \quad \mathbf{T}_1 < \mathbf{T}_2, \quad \mathbf{T}_1 \leqq \mathbf{T}_2,$$

so spricht man von *Ungleichungen der Mengenlehre.*

Beispiele: 1) Für Objektvariable $a, b, m, x$ sind Gleichungen bzw. Ungleichungen:

$$a = b, \qquad b = \iota m \forall x (x \in m \leftrightarrow x \in a \vee x \in b),$$

$$x \neq a, \qquad \iota x (\neg \exists m m \sqsubset x) \neq b.$$

2) Unter Vorwegnahme der Tatsache, daß sich die Theorie der reellen Zahlen im Rahmen unserer Mengenlehre darstellen läßt, erhält man in den üblichen mittels $<$, $\leqq$ formulierten Abschätzungen der Analysis weitere Beispiele für Ungleichungen wie etwa für reelle Zahlen $a, b$:

$$a^2 \leqq a^2 + b^2, \quad 3 < \pi, \quad \pi < 4, \quad a \leqq a + \pi.$$

3) Die Beispiele 1) liefern weitere Ungleichungen, wenn man für $=$ und $\neq$ wahlweise $\sqsubset$ oder $\not\sqsubset$ setzt.

Wir haben uns deshalb so ausführlich mit Ausdrücken und Termen beschäftigt, weil erstens die mengentheoretischen Aussagen die für eine axiomatische Grundlegung der Mengenlehre notwendige überschaubare Eingrenzung der zu untersuchenden wissenschaftlichen Aussagen liefern (vgl. hierzu § 4 und auch den folgenden Abschnitt 9), weil zweitens die mengentheoretischen Ausdrücke wesentlicher Bestandteil des Schemas der Mengenbildungsaxiome sind (vgl. § 4) und weil drittens mengentheoretische Ausdrücke und Terme mittels mengentheoretischer Definitionen gerade zu den Begriffen der Mengenlehre führen (vgl. diesen Abschnitt 8).

**9. Charakterisierung der Mengenlehre.** Die mengentheoretischen Aussagen erlauben die folgende Charakterisierung der Mengenlehre und die dabei auftretende Eingrenzung der mathematischen Untersuchungen: *Die Mengenlehre (Mathematik) untersucht ausschließlich mengentheoretische Aussagen auf ihre Gültigkeit; welche Aussagen untersucht werden, hängt von dem durch sie erweckten Interesse ab — sei es aus praktischen oder theoretischen*

*Erwägungen heraus entstanden — und ist der mathematischen wissenschaftlichen Literatur zu entnehmen.* Einen guten informatorischen Überblick über die in der international vorliegenden mathematischen Literatur behandelte Thematik bieten die enzyklopädischen Werke:

> Enzyklopädie der Mathematischen Wissenschaften
> (mit sachlicher Gliederung des Stoffes),
>
> Mathematisches Wörterbuch
> (mit alphabetischer Reihenfolge der Begriffe)

und die periodisch erscheinenden Referatenorgane:

> Mathematical Reviews,
> Реферативный Журнал Математика,
> Zentralblatt für Mathematik und ihre Grenzgebiete,

in denen ein laufender Überblick über die publizierten (und nach Sachgebieten geordneten) Literaturtitel gegeben wird mit jeweils kurzer Besprechung des unter den einzelnen Titeln behandelten Stoffes.

Je nach Art der bisher untersuchten mathematischen Aussagen haben sich die verschiedenen Teilgebiete der Mathematik herausgebildet. Man kann die Mathematik heute in folgende sechs große Bereiche gliedern:

> Grundlagen der Mathematik;
> Algebra, Zahlentheorie;
> Analysis, Funktionentheorie;
> Geometrie, Topologie;
> Wahrscheinlichkeitsrechnung, Mathematische Statistik;
> Mathematische Kybernetik.

Die einzelnen Bereiche zerfallen weiter in Teilbereiche; z. B. zerfallen die Grundlagen der Mathematik in:

> Allgemeine Mengenlehre,
> Das Zahlensystem,

Mathematische Logik und Grundlagen der Mathematik.

Man beachte, daß eine derartige Gliederung der Mathematik in Bereiche und Teilbereiche stets nur als ein vom Menschen aus verständnis- und arbeitsökonomischen Gründen geschaffenes, mehr oder weniger künstliches Ordnungsprinzip angesehen werden darf. Die einzelnen mathematischen Disziplinen greifen deshalb oft auch weit ineinander über, und die fortschreitende Entwicklung der Mathematik führt immer mehr zu einer vereinheitlichenden Verschmelzung bisher nebeneinander gelegener mathematischer Gebiete.

**10. Technische Verabredungen.** Zur Vereinfachung und übersichtlicheren Formulierung von Aussagen treffen wir noch einige technische Verabredungen.

1) Man verwende bei mehreren ineinandergeschachtelten Klammerungen gegebenenfalls Klammern verschiedener Formen und Längen wie z. B. die folgenden runden, geschweiften, eckigen und spitzen Klammern:

$$( \; ) \quad \{ \; \} \quad [ \; ] \quad \langle \; \rangle \quad \bigl( \; \bigr) \quad \bigl\{ \; \bigr\} \quad \bigl[ \; \bigr] \quad \bigl\langle \; \bigr\rangle .$$

2) Die Verneinung einer durch ein Symbol wiedergegebenen Beziehung kann auch mittels Durchstreichung des Symbols ausgedrückt werden. Sind z. B. $a$, $b$ Objektvariable, so schreibt man für

$$\neg\, a \in b, \qquad \neg\, a \sqsubseteq b, \qquad \neg\, a = b$$

auch einfacher:

$$a \notin b, \qquad a \not\sqsubseteq b, \qquad a \neq b$$

(gelesen: *a nicht Element b*, *a nicht stufenkleinergleich b*, *a nicht gleich b*, *a verschieden b*, *a ungleich b*).

3) Sind $\boldsymbol{A}, \boldsymbol{B}, \boldsymbol{C}, \boldsymbol{D}$ Aussagen oder Ausdrücke, so schreibt man etwa für

$$\mathbf{A} \wedge \mathbf{B} \wedge \mathbf{C},$$
$$\mathbf{A} \wedge \mathbf{B} \wedge \mathbf{C} \to \mathbf{D}, \qquad \mathbf{A} \to \mathbf{B} \wedge \mathbf{C} \wedge \mathbf{D},$$
$$\mathbf{A} \wedge \mathbf{B} \wedge \mathbf{C} \leftrightarrow \mathbf{D}, \qquad \mathbf{A} \leftrightarrow \mathbf{B} \wedge \mathbf{C} \wedge \mathbf{D},$$
$$\mathbf{A} \to \mathbf{B} .\wedge. \mathbf{B} \to \mathbf{C} .\wedge. \mathbf{C} \to \mathbf{D},$$
$$\mathbf{A} \leftrightarrow \mathbf{B} .\wedge. \mathbf{B} \leftrightarrow \mathbf{C} .\wedge. \mathbf{C} \leftrightarrow \mathbf{D}$$

auch abkürzend:

$$\mathbf{A}, \mathbf{B}, \mathbf{C},$$
$$\mathbf{A}, \mathbf{B}, \mathbf{C} \to \mathbf{D}, \qquad \mathbf{A} \to \mathbf{B}, \mathbf{C}, \mathbf{D},$$
$$\mathbf{A}, \mathbf{B}, \mathbf{C} \leftrightarrow \mathbf{D}, \qquad \mathbf{A} \leftrightarrow \mathbf{B}, \mathbf{C}, \mathbf{D},$$
$$\mathbf{A} \to \mathbf{B} \to \mathbf{C} \to \mathbf{D},$$
$$\mathbf{A} \leftrightarrow \mathbf{B} \leftrightarrow \mathbf{C} \leftrightarrow \mathbf{D}.$$

In derselben Weise schreibt man etwa ($a, b, c, d, e$ seien Objektvariable) für

$$a \in b \wedge b \in c \wedge c \in d,$$
$$a = b \wedge b \in c \wedge c \not\sqsubset d \wedge d = e,$$
$$a \in d \wedge b \in d \wedge c \in d,$$
$$a \sqsubset b \wedge a \sqsubset c \wedge a \sqsubset d,$$
$$a \sqsubset b \wedge a \sqsubset c \wedge b \neq d \wedge c \neq d,$$
$$a \in b \wedge c \sqsubset d \wedge e \in a$$

auch einfacher:

$$a \in b \in c \in d,$$
$$a = b \in c \not\sqsubset d = e,$$
$$a, b, c \in d,$$
$$a \sqsubset b, c, d,$$
$$a \sqsubset \underbrace{b, c} \neq d,$$
$$a \in b, c \sqsubset d, e \in a.$$

4) Für den umgangssprachlichen Gebrauch von „genau – dann – wenn“ kürzt man „genau dann, wenn“ gelegentlich auch durch „gdw.“ (gelesen: *genau dann, wenn*) ab.

Rein technische Vereinfachungen mengentheoretischer Ausdrücke und Terme — wie die eben getroffenen Verabredungen oder die Trennungsregeln und das Setzen und Weglassen eingrenzender Klammern aus Abschnitt 7 — rechne man mit zu den umgangssprachlichen Einkleidungen der betreffenden Ausdrücke und Terme.

**11. Formale Ausdrucksbestimmung.** Die in Abschnitt 8 vorgenommene Erklärung der mengentheoretischen Ausdrücke und Terme funktionierte unter Verwendung der den Atomzeichen der Mengenlehre zugehörigen inhaltlichen Bedeutung. Man kann die Bestimmung der mengentheoretischen Ausdrücke und Terme aber auch formal mit Hilfe rein struktureller Eigenschaften von Zeichenreihen vornehmen. Dies wollen wir als Abschluß unserer Betrachtungen über Ausdrücke und Terme durchführen, weil man damit einen besonders präzisen Einblick in den Aufbau der Aussagen, Aussageformen, Ausdrücke, Kennzeichnungen, Kennzeichnungsformen und Terme der Mengenlehre gewinnt. Die formale Bestimmung der Ausdrücke steht dabei im Mittelpunkt; deshalb die Überschrift „Formale Ausdrucksbestimmung".

Die Zeichen

$$a_0, \quad a_1, \quad a_2, \cdots$$

seien Variable für Objekte und heißen die *formalen Variablen* (*Veränderlichen*) *der Mengenlehre*. Die Schreibweise „$a_0, a_1, a_2, \cdots$" soll alle diejenigen Zeichen andeuten, welche aus dem Buchstaben $a$ mittels Indizierung hervorgehen, wobei jeder Index eine Zeichenreihe ist, die durch endlichoftmaliges Nebeneinanderschreiben gewisser der Zeichen

$$0, \quad 1, \quad 2, \quad 3, \quad 4, \quad 5, \quad 6, \quad 7, \quad 8, \quad 9$$

entsteht. Formale Variablen sind z. B.:

$$a_1, \qquad a_9, \qquad a_{25}, \qquad\qquad a_{03611}$$

(gelesen: *a eins*, *a neun*, *a zwei fünf*, *a null drei sechs eins eins*).

Die Zeichen

$$a_0, a_1, a_2, \cdots; \in, \sqsubset; \neg, \wedge, \vee, \rightarrow, \leftrightarrow,$$

$$\forall, \exists, \exists!, \exists!!, \iota, =; .(,)$$

heißen die *formalen Grundzeichen* (*Atomzeichen, Grundbegriffe*) *der Mengenlehre* oder die *formalen Ausdrucksmittel der Mengenlehre.*

Eine *formale Zeichenreihe der Mengenlehre* sei eine Zeichenreihe, die nur aus formalen Grundzeichen der Mengenlehre besteht wie etwa die drei Zeichenreihen:

$$\wedge, \quad \in a_5)( \rightarrow = a_0 \sqsubset \forall \neg\neg\neg, \quad \forall a_1 (a_1 \in a_2).$$

Aus den formalen Zeichenreihen sondern wir jetzt die für uns sinnvollen Zeichenreihen aus, die *formalen Ausdrücke der Mengenlehre* und die *formalen Terme der Mengenlehre*:

(1) Bezeichnen $\mathbf{v}_1, \mathbf{v}_2$ irgendwelche formalen Variablen, so sind die formalen Zeichenreihen

$$(\mathbf{v}_1 \in \mathbf{v}_2), \quad (\mathbf{v}_1 \sqsubset \mathbf{v}_2), \quad (\mathbf{v}_1 = \mathbf{v}_2)$$

*formale Ausdrücke.* Das soll natürlich — analog bei den weiteren Betrachtungen — ausführlich bedeuten, daß z. B. nicht etwa die Zeichenreihe „$(\mathbf{v}_1 \in \mathbf{v}_2)$“ ein formaler Ausdruck ist, sondern diejenige Zeichenreihe, welche, von links nach rechts gelesen, aus dem Zeichen (, der durch $\mathbf{v}_1$ bezeichneten Variablen, dem Zeichen $\in$, der durch $\mathbf{v}_2$ bezeichneten Variablen und dem Zeichen ) besteht; formale Ausdrücke sind also z. B.:

$$(a_0 \in a_1), \quad (a_4 \in a_4), \quad (a_3 \in a_{15}), \quad (a_{097} \in a_{22}).$$

(2) Sind $\mathbf{Z}, \mathbf{Z}_1, \mathbf{Z}_2$ formale Ausdrücke, so sind auch die formalen Zeichenreihen

$$(\neg \mathbf{Z}), \quad (\mathbf{Z}_1 \wedge \mathbf{Z}_2), \quad (\mathbf{Z}_1 \vee \mathbf{Z}_2), \quad (\mathbf{Z}_1 \rightarrow \mathbf{Z}_2), \quad (\mathbf{Z}_1 \leftrightarrow \mathbf{Z}_2)$$

*formale Ausdrücke.*

(3) Bezeichnet $\mathbf{v}$ irgendeine formale Variable und ist $\mathbf{Z}$ ein formaler Ausdruck, in dem $\mathbf{v}$ formal frei vorkommt, so sind auch die formalen Zeichenreihen

$$(\forall \mathbf{v}\mathbf{Z}),\quad (\exists \mathbf{v}\mathbf{Z}),\quad (\exists ! \mathbf{v}\mathbf{Z}),\quad (\exists !! \mathbf{v}\mathbf{Z})$$

*formale Ausdrücke.* Eine formale Variable $\mathbf{v}$ komme dabei *formal frei* in dem Ausdruck $\mathbf{Z}$ vor, falls $\mathbf{v}$ in $\mathbf{Z}$ vorkommt, aber keine der Zeichenreihen

$$\forall \mathbf{v},\quad \exists \mathbf{v},\quad \exists ! \mathbf{v},\quad \exists !! \mathbf{v},\quad \iota \mathbf{v}.$$

Das formal freie Vorkommen von $\mathbf{v}$ in $\mathbf{Z}$ bedeutet also, daß sich auf $\mathbf{v}$ an keiner Stelle des Auftretens von $\mathbf{v}$ innerhalb $\mathbf{Z}$ ein $\mathbf{v}$ „bindendes" logisches Zeichen $\forall$, $\exists$, $\exists !$, $\exists !!$, $\iota$ bezieht.

(4) Sind $\mathbf{T}_1$, $\mathbf{T}_2$ formale Terme, so sind die formalen Zeichenreihen

$$(\mathbf{T}_1 \in \mathbf{T}_2),\quad (\mathbf{T}_1 \sqsubset \mathbf{T}_2),\quad (\mathbf{T}_1 = \mathbf{T}_2)$$

*formale Ausdrücke.* Dabei ist eine formale Zeichenreihe $\mathbf{Z}$ ein *formaler Term der Mengenlehre*, falls $\mathbf{Z}$ eine formale Variable ist oder falls es eine formale Variable $\mathbf{v}$ und einen formalen Ausdruck $\mathbf{Z}^*$, in dem $\mathbf{v}$ formal frei vorkommt, gibt und $\mathbf{Z}$ die Zeichenreihe $\iota \mathbf{v}\mathbf{Z}^*$ ist.

(5) *Formale Ausdrücke* der Mengenlehre sind nur solche formalen Zeichenreihen, welche man, ausgehend von formalen Ausdrücken der Form (1), durch endlichoftmaliges (eventuell gar kein) hintereinanderfolgendes wahlweises Anwenden von (2) bis (4) erhält.

Eine formale Variable $\mathbf{v}$ komme *formal gebunden* in dem formalen Ausdruck $\mathbf{H}$ vor, falls $\mathbf{v}$ in $\mathbf{H}$ vorkommt und folgendes gilt: Zu jeder Stelle innerhalb $\mathbf{H}$, an der $\mathbf{v}$ auftritt, gibt es einen (erfahrungsgemäß sogar eindeutig bestimmten) formalen Ausdruck $\mathbf{H}^*$, in dem $\mathbf{v}$ formal frei vorkommt, so daß eine der Zeichenreihen

$$\forall \mathbf{v}\mathbf{H}^*,\quad \exists \mathbf{v}\mathbf{H}^*,\quad \exists ! \mathbf{v}\mathbf{H}^*,\quad \exists !! \mathbf{v}\mathbf{H}^*,\quad \iota \mathbf{v}\mathbf{H}^*$$

ein Teilstück von **H** ist, welches die betrachtete Stelle des Auftretens von **v** in **H** umfaßt. Das formal gebundene Vorkommen von **v** in **H** bedeutet also, daß sich auf **v** an jeder Stelle des Auftretens von **v** innerhalb **H** ein **v** „bindendes“ logisches Zeichen $\forall$, $\exists$, $\exists!$, $\exists!!$, $\iota$ bezieht. Eine formale Variable **v** komme *formal frei* in dem formalen Term **T** vor, falls **T** gleich **v** ist oder falls **T** von der Form $\iota$**uH*** ist und **v** eine von **u** verschiedene und in dem formalen Ausdruck **H*** formal frei vorkommende Variable ist; **v** komme *formal gebunden* in **T** vor, falls **T** von der Form $\iota$**uH*** ist und **v** gleich **u** ist oder **v** eine in **H*** formal gebunden vorkommende Variable ist.

Eine *formale Aussage* bzw. *formale Aussageform der Mengenlehre* ist ein formaler Ausdruck, welcher nur formal gebundene Variable besitzt bzw. welcher mindestens eine formal freie Variable besitzt, wobei außerdem jede auftretende Variable entweder formal frei oder formal gebunden vorkomme. Eine *formale Kennzeichnung* bzw. *formale Kennzeichnungsform der Mengenlehre* ist ein formaler Term, welcher nur formal gebundene Variable besitzt bzw. welcher mindestens eine formal freie Variable besitzt, wobei außerdem jede auftretende Variable entweder formal frei oder formal gebunden vorkomme.

Die mittels der formalen Ausdrucksbestimmung rein strukturell erklärten formalen Aussagen, Aussageformen, Kennzeichnungen, Kennzeichnungsformen und diejenigen formalen Ausdrücke und Terme, deren jede Variable entweder formal frei oder formal gebunden auftritt, sind unter Einbeziehung der inhaltlichen Bedeutung der formalen Grundzeichen offenbar — bis auf das Setzen und Weglassen eingrenzender Klammern und die Verwendung anderer Objektvariabler — gerade diejenigen mengentheoretischen Aussagen, Aussageformen, Kennzeichnungen, Kennzeichnungsformen, Ausdrücke und Terme, welche ausschließlich aus Grundzeichen der Mengenlehre bestehen. Damit sind umgekehrt die Aussagen, Aussageformen, Kennzeichnungen, Kennzeichnungsformen, Ausdrücke und Terme der Mengenlehre

— bis auf umgangssprachliche Einkleidung und die Verwendung anderer Objektvariabler — offenbar lediglich Abkürzungen für — wirkliche oder, etwa wegen Überlänge, nur gedachte — formale Aussagen, Aussageformen, Kennzeichnungen, Kennzeichnungsformen und solche formalen Ausdrücke und Terme, deren jede Variable entweder formal frei oder formal gebunden auftritt; die formalen Zeichenreihen werden dabei zu ihren eigenen Abkürzungen gerechnet.

Damit haben wir letzte Klarheit über den Aufbau der mengentheoretischen Ausdrücke und Terme erhalten. Die formalen Ausdrücke und Terme stellen die logisch präziseste Formulierung mengentheoretischer Ausdrücke und Terme dar. Die Mengenlehre nur an formalen Aussagen zu betreiben, wäre aber unzweckmäßig, da diese Aussagen mit zunehmender Länge immer unübersichtlicher werden. Man muß zum Zwecke der Übersichtlichkeit und des besseren Verständnisses fortwährend mittels mengentheoretischer Definitionen neue Begriffe einführen und mit diesen die Aussagen der Mengenlehre formulieren.

## *§ 3. Logisches Schließen*

**1. Die axiomatische Methode.** Die *axiomatische* (oder *deduktive*) *Methode* wissenschaftlichen Arbeitens besteht darin, gewisse — für richtig anerkannte und möglichst wenige — Aussagen einer Wissenschaft als Grundannahmen, als *Axiome*, der betreffenden Wissenschaft an die Spitze zu stellen und zur Gewinnung weiterer Ergebnisse dieser Wissenschaft nur das logische Schließen (das logische Schlußfolgern, logische Denken) aus den Axiomen, das denkbar exakteste Hilfsmittel, zuzulassen; als zulässige Aussagen der betreffenden Wissenschaft werden dabei nur solche Aussagen betrachtet, die sich mit den in den Axiomen auftretenden Grundbegriffen und mit logischen Begriffen formulieren lassen. Oft wird auch als zusätzliches Hilfsmittel die unaxiomatische Verwendung mengentheoretischer Begriffsbildungen und Resultate mit gestattet. Eine axiomatisch betriebene Wissenschaft nennt man auch eine *exakte Wissenschaft* (z. B. Mathematik, Mathematische Physik). Ihr reinstes Beispiel hat die von menschlicher Erkenntnis bevorzugte axiomatische Methode in der Mathematik. Es ist ein Wesenszug der Mathematik, daß man allein mit logischem Schließen, ausgehend von gewissen mittels der Grundzeichen der Mengenlehre formulierbaren, anschaulichen und durch die Erfahrung erhärteten Axiomen, fortlaufend brauchbare und tiefer liegende, von den Axiomen wesentlich verschiedene Sätze erhält, die in der Praxis (z. B. in Naturwissenschaft, Technik und Ökonomie) breiteste Anwendung finden.

Das Auffinden eines Satzes der axiomatischen Mengenlehre kann nach der eben geschilderten axiomatischen Methode nur durch Angabe eines *Beweises der Mengenlehre* erfolgen, d. h. durch Angabe einer geeigneten Kette mengentheoretischer Aussagen, wobei unter Verwendung bereits bekannter Sätze (die Axiome selbst gelten als bekannte Sätze) jede folgende Aussage der Kette durch einen rein logischen Schluß aus vorhergehenden Aussagen der Kette hervorgeht (darunter soll auch die Aufnahme eines bereits bekannten Satzes in die Kette fallen) und der aufzufindende Satz das letzte Glied der Kette ist. Die Angabe eines Beweises für einen mengentheoretischen Satz nennt man das „Führen des Beweises" oder einfach das „Beweisen" oder „Ableiten" des betreffenden Satzes. Der Beweis eines Satzes wird also schrittweise mit Hilfe einzelner logischer Schlüsse geführt. Diese Schlüsse sind, eben weil sie rein logischer Natur sind, jedem Menschen auf Grund seines ihm eigenen Denkvermögens Selbstverständlichkeiten, welche keiner weiteren Erörterung bedürfen. Obwohl die einzelnen Beweisschritte als logische Schlüsse trivial sind, kann trotzdem das Führen des Beweises eines Satzes, das Auffinden also einer geeigneten Kette logisch auseinander hervorgehender und zu dem betreffenden Satz führender mengentheoretischer Aussagen, erhebliche Schwierigkeiten bereiten; der betreffende Satz ist dann ein tiefer liegender Satz der Mengenlehre. Auf die Vermutung mengentheoretischer Sätze und ihrer Beweise wird man durch die anschaulichen Vorstellungen geführt, welche man über die in den betreffenden Sätzen ausgedrückten Sachverhalte besitzt. Diese anschaulichen Vorstellungen sind für die Theorie von primärer Bedeutung, dürfen aber natürlich nie als Beweisschritte benutzt werden, da sie keine logischen Schlüsse sind; sie können lediglich wegweisende Anleitungen zur Durchführung von Beweisen geben.

**2. Die logischen Begriffe.** Wir wollen zunächst den richtigen Gebrauch der beim logischen Schließen auftretenden *logischen Begriffe* erläutern, der *aussagenlogischen Begriffe*

$$\neg, \quad \wedge, \quad \vee, \quad \rightarrow, \quad \leftrightarrow$$

und der *prädikatenlogischen Begriffe*

$$\forall, \quad \exists, \quad \exists!, \quad \exists!!, \quad \iota, \quad =.$$

Sind **A**, **B** irgendwelche (nicht notwendig mengentheoretische) Aussagen, so ist jede der zusammengesetzten Aussagen

$$\neg\,\mathbf{A}, \quad \mathbf{A} \wedge \mathbf{B}, \quad \mathbf{A} \vee \mathbf{B}, \quad \mathbf{A} \rightarrow \mathbf{B}, \quad \mathbf{A} \leftrightarrow \mathbf{B}$$

entweder wahr oder falsch (nach dem Satz der Zweiwertigkeit der Logik); ob eine dieser Aussagen wahr oder falsch ist, hängt allein von der Wahrheit oder Falschheit der in ihr auftretenden Aussagen **A**, **B** ab. Die Aussage $\neg\,\mathbf{A}$ ist wahr genau dann, wenn **A** falsch ist; $\mathbf{A} \wedge \mathbf{B}$ ist wahr genau dann, wenn **A** und **B** beide wahr sind; $\mathbf{A} \vee \mathbf{B}$ ist falsch genau dann, wenn **A** und **B** beide falsch sind; $\mathbf{A} \rightarrow \mathbf{B}$ ist falsch genau dann, wenn **A** wahr und **B** falsch ist; $\mathbf{A} \leftrightarrow \mathbf{B}$ ist wahr genau dann, wenn **A** und **B** beide wahr oder beide falsch sind. Kürzt man „wahr“ und „falsch“ durch „W“ und „F“ ab, so erhält man die folgende Tabelle, die *Wahrheitstafel*, für das Wahrheitsverhalten der aussagenlogischen Verknüpfungen:

| $\mathbf{A}$ | $\neg\mathbf{A}$ | $\mathbf{A}$ | $\mathbf{B}$ | $\mathbf{A}\wedge\mathbf{B}$ | $\mathbf{A}\vee\mathbf{B}$ | $\mathbf{A}\rightarrow\mathbf{B}$ | $\mathbf{A}\leftrightarrow\mathbf{B}$ |
|---|---|---|---|---|---|---|---|
| W | F | W | W | W | W | W | W |
| F | W | W | F | F | W | F | F |
| | | F | W | F | W | W | F |
| | | F | F | F | F | W | W |

Das angegebene Wahrheitsverhalten der durch $\neg$, $\wedge$, $\vee$, $\leftrightarrow$ ausgedrückten Verneinung von Aussagen **A** bzw. der „und“-Verknüpfung, „oder“-Verknüpfung, „genau-dann-wenn“-Verknüpfung von Aussagen **A**, **B**, d. h. der *Negation* bzw. der *Konjunktion*, der *Alternative*, der *Äquivalenz* der betreffenden Aussagen, ist offenbar. Bei dem angegebenen Gebrauch der durch $\rightarrow$ ausgedrückten „wenn-so“-Verknüpfung von Aussagen **A**, **B**, der *Implikation* der betreffenden Aussagen, ist zu beachten, daß für uns jede Implikation $\mathbf{A} \rightarrow \mathbf{B}$ mit falschem **A** trivial eine wahre Aussage ist, während man einer solchen Implikation in der Umgangssprache manchmal gar keinen Sinn, also auch keinen Wahrheitswert beimißt. Aus der Richtigkeit einer Implikation $\mathbf{A} \rightarrow \mathbf{B}$ darf im Falle der Richtigkeit von **A** und nur in diesem Falle auf die Richtigkeit von **B** geschlossen werden. Damit führt auch die verwendete Richtigkeit einer Implikation $\mathbf{A} \rightarrow \mathbf{B}$ mit falschem **A** nicht zu logischen Komplikationen.

Die Implikation ist die bedeutendste logische Verknüpfung von Aussagen, was in den weiteren Redeweisen zum Ausdruck kommt, die sich für „wenn-so“ eingebürgert haben. Sind **A** und **B** irgendwelche Aussagen, so sagt man statt $\mathbf{A} \rightarrow \mathbf{B}$, also statt

*Wenn* **A** *gilt, so gilt* **B**.

auch:

*Aus* **A** *folgt* **B**.
**A** *impliziert* **B**.
*Unter der Voraussetzung* (*Prämisse*) **A** *gilt die Behauptung* (*Conclusio*) **B**.
*Dann, wenn* **A** *gilt, gilt* **B**.
**A** *ist eine hinreichende Bedingung für* **B**.
*Nur dann, wenn* **B** *gilt, gilt* **A**.
**B** *ist eine notwendige Bedingung für* **A**.

An diese Redeweisen anknüpfend, sagt man analog statt $\mathbf{A} \leftrightarrow \mathbf{B}$, also statt

**A** *gilt genau dann, wenn* **B** *gilt.*

auch:

*Aus* **A** *folgt* **B** *und umgekehrt.*
**A** *impliziert* **B** *und umgekehrt.*
**A** *gilt dann und nur dann, wenn* **B** *gilt.*
**A** *ist eine notwendige und hinreichende Bedingung für* **B**.
**A** *ist eine charakteristische Bedingung für* **B**.
**A** *und* **B** *sind äquivalent.*

Durch Zusammensetzung erhält man für Aussagen **A, B, C, D, …** sukzessiv die mehrstelligen „und“- und „oder“-Verknüpfungen

$$(\mathbf{A} \wedge \mathbf{B}) \wedge \mathbf{C}, \quad ((\mathbf{A} \wedge \mathbf{B}) \wedge \mathbf{C}) \wedge \mathbf{D}, \cdots,$$
$$(\mathbf{A} \vee \mathbf{B}) \vee \mathbf{C}, \quad ((\mathbf{A} \vee \mathbf{B}) \vee \mathbf{C}) \vee \mathbf{D}, \cdots,$$

wofür man auch einfach schreibt:

$$\mathbf{A} \wedge \mathbf{B} \wedge \mathbf{C}, \quad \mathbf{A} \wedge \mathbf{B} \wedge \mathbf{C} \wedge \mathbf{D}, \cdots,$$
$$\mathbf{A} \vee \mathbf{B} \vee \mathbf{C}, \quad \mathbf{A} \vee \mathbf{B} \vee \mathbf{C} \vee \mathbf{D}, \cdots.$$

Für endlich viele Aussagen $\mathbf{A}, \mathbf{B}, \cdots$ ist dann die Aussage $\mathbf{A} \wedge \mathbf{B} \wedge \cdots$ wahr genau dann, wenn jede der Aussagen $\mathbf{A}, \mathbf{B}, \cdots$ wahr ist; $\mathbf{A} \vee \mathbf{B} \vee \cdots$ ist falsch genau dann, wenn jede der Aussagen $\mathbf{A}, \mathbf{B}, \cdots$ falsch ist.

Soweit zu den aussagenlogischen Begriffen. Sie werden auf ganze Aussagen angewandt, ohne Berücksichtigung des strukturellen Aufbaues der einzelnen Aussagen. Die prädikatenlogischen Begriffe dagegen sind der strukturellen Aufgliederung der Aussagen in Teilausdrücke und Terme angepaßt; sie berücksichtigen unter Variablenverwendung die logische Zusammensetzung der Aussagen aus den Grundbeziehungen (Prädikaten) zwischen den Dingen des Variabilitätsbereiches heraus (in unserem mengentheoretischen Fall aus den Grundbeziehungen $\in, \sqsubset, =$ heraus; vgl. § 2, Abschnitt 11). Den Gebrauch der prädikatenlogischen Begriffe demonstrieren wir anhand von mengentheoretischen Ausdrücken und Termen. Dieser Gebrauch ist natürlich in jedem anderen, nicht notwendig mengentheoretischen, Zusammenhang derselbe.

Ist **H** ein durch Klammern begrenzter Ausdruck der Mengenlehre und bezeichnen **v**, ... die in **H** auftretenden freien Variablen in der Reihenfolge ihres Auftretens in **H** (von links nach rechts gelesen), so sei der durch $\forall$ gebundene Ausdruck $(\forall)\mathbf{H}$ der Ausdruck (die Aussage) $\forall \mathbf{v} \cdots \mathbf{H}$; ist **H** ein durch Klammern begrenzter Ausdruck der Mengenlehre ohne freie Variablen (eine Aussage), so sei der durch $\forall$ gebundene Ausdruck $(\forall)\mathbf{H}$ der Ausdruck **H** selbst. $(\forall)\mathbf{H}$ heißt auch die *Generalisierte* von **H**. Für die mengentheoretischen Ausdrücke

$$\mathbf{H}_1 - (x \in a \vee x \in b),$$
$$\mathbf{H}_2 - (\exists m \forall x(x \in m \leftrightarrow x \in a \wedge x \in b)),$$
$$\mathbf{H}_3 - \big(\exists M \forall X(X \in M \leftrightarrow \forall x(x \in X \rightarrow x \in A))\big),$$
$$\mathbf{H}_4 - (\neg \exists y(y = \iota m \forall x\, x \in m))$$

sind als Beispiele die Generalisierten die Aussagen

$$(\forall)\,\mathbf{H}_1 - \forall x \forall a \forall b\,(x \in a \vee x \in b),$$
$$(\forall)\,\mathbf{H}_2 - \forall a \forall b(\exists m \forall x\,(x \in m \leftrightarrow x \in a \wedge x \in b)),$$
$$(\forall)\,\mathbf{H}_3 - \forall A\big(\exists M \forall X(X \in M \leftrightarrow \forall x(x \in X \rightarrow x \in A))\big),$$
$$(\forall)\,\mathbf{H}_4 - (\neg \exists y(y = \iota m \forall x\, x \in m)).$$

Beim Umgang mit konkret vorliegenden Aussagen $(\forall)\mathbf{H}$ kann man natürlich überflüssige Klammern wieder weglassen. Verwendet man bei der Erklärung von $(\forall)\mathbf{H}$ an Stelle des Symbols $\forall$ das Symbol $\exists$, so entsteht der durch $\exists$ gebundene Ausdruck $(\exists)\mathbf{H}$, die *Partikularisierte* von **H**. Im folgenden bezeichne **H** irgendeinen durch Klammern begrenzten Ausdruck der Mengenlehre und bezeichnen **u**, **v**, **w** irgendwelche Variablen der Mengenlehre, wobei verschieden bezeichnete Variable auch verschieden seien. Die Schreibweise $\mathbf{H}(\mathbf{u})$ (gelesen: **H** *von* **u**) etwa oder $\mathbf{H}(\mathbf{u}, \mathbf{v})$ (gelesen: **H** *von* **u**, **v**) soll andeuten — analog bei noch mehr Variablen —, daß **u** in **H** frei vorkommt bzw. **u** und **v** in **H** frei vorkommen; ein senkrechter Strich nach einer Variablen mit anschließendem Term wie in $\mathbf{H}(\mathbf{u}\,|\,\mathbf{v})$ besagt, daß $\mathbf{H}(\mathbf{u}\,|\,\mathbf{v})$ die aus dem Ausdruck $\mathbf{H}(\mathbf{u})$ dadurch entstandene Zeichenreihe ist, daß man in $\mathbf{H}(\mathbf{u})$ für **u** überall den nach dem Strich stehenden Term, in unserem Falle also **v**, einsetzt; zwei senkrechte Striche wie in $\mathbf{H}(\mathbf{u}\,||\,\mathbf{v})$ besagen, daß $\mathbf{H}(\mathbf{u}\,||\,\mathbf{v})$ eine aus dem Ausdruck $\mathbf{H}(\mathbf{u})$ dadurch entstandene Zeichenreihe ist, daß man in $\mathbf{H}(\mathbf{u})$ die Variable **u** an gewissen (nicht notwendig allen, eventuell gar keinen) Stellen ihres Vorkommens durch den nach den beiden Strichen stehenden Term, in unserem Falle also **v**, ersetzt. Alle im weiteren Verlauf unserer Betrachtungen vorgenommenen derartigen Einsetzungen und Ersetzungen führen erfahrungsgemäß wieder zu mengentheoretischen Ausdrücken.

Der Gebrauch von $\forall$, $\exists$ ist der folgende: Kommt in $\mathbf{H}(\mathbf{u})$ nur die Variable **u** frei vor, so gilt die Aussage $\forall\mathbf{u}\mathbf{H}(\mathbf{u})$ genau dann, wenn für jedes beliebige, fest gewählte Objekt **u** die Aussage $\mathbf{H}(\mathbf{u})$ gilt; die Aussage $\exists\mathbf{u}\mathbf{H}(\mathbf{u})$ gilt genau dann, wenn für mindestens ein bestimmtes Objekt **u** die Aussage $\mathbf{H}(\mathbf{u})$ gilt; kommen allgemeiner in $\mathbf{H}(\mathbf{u}, \mathbf{v}, \ldots)$ neben **u** genau die Variablen **v**, ... frei vor, so gilt für fest gewählte Objekte **v**, ... die Aussage $\forall\mathbf{u}\mathbf{H}(\mathbf{u}, \mathbf{v}, \ldots)$ bzw. $\exists\mathbf{u}\mathbf{H}(\mathbf{u}, \mathbf{v}, \ldots)$ genau dann, wenn für diese fest gewählten Objekte **v**, ... und für jedes beliebige, fest gewählte Objekt **u** bzw. für mindestens ein bestimmtes Objekt **u** die Aussage **H**(**u**, **v**, ...) gilt.

Mehrmalige Anwendung des $\forall$- und $\exists$-Gebrauches führt zu der Regel: Kommen in **H**(**u**, ...) genau die Variablen **u**, ... frei vor, so gilt die Aussage $(\forall)$**H**(**u**, ...) genau dann, wenn für beliebige Objekte **u**, ... die Aussage **H**(**u**, ...) gilt; die Aussage $(\exists)$**H**(**u**, ...) gilt genau dann, wenn für bestimmte Objekte **u**, ... die Aussage **H**(**u**, ...) gilt. Sind z. B. $\mathbf{H}_1, \mathbf{H}_2$ durch Klammern begrenzte Ausdrücke der Mengenlehre, so daß keine in einem der beiden Ausdrücke frei vorkommende Variable im anderen gebunden vorkommt, so liefert die Abtrennungsregel (s. Abschnitt 3)

$$(\mathbf{A} \rightarrow \mathbf{B}) \wedge \mathbf{A} \rightarrow \mathbf{B} \qquad (\mathbf{A}, \mathbf{B} \text{ seien Aussagen})$$

die Gültigkeit von

$$(\forall)\,((\mathbf{H}_1 \rightarrow \mathbf{H}_2) \wedge \mathbf{H}_1 \rightarrow \mathbf{H}_2).$$

In derselben Weise erhält man aus jedem aussagenlogischen Schluß (s. Abschnitt 3) mit den Grundaussagen **A**, ... durch Verwendung von Ausdrücken $\mathbf{H}_1$, ... statt der **A**, ... die Gültigkeit entsprechend zugehöriger $(\forall)$-Aussagen.

Der Gebrauch von $\exists!$, $\exists!!$ ist der folgende: Kommt in **H** die Variable **u** frei vor und die Variable **v** nicht vor, so gilt

$$(\forall)\big(\exists!\mathbf{u}\mathbf{H}(\mathbf{u}) \leftrightarrow \forall\mathbf{u}\forall\mathbf{v}(\mathbf{H}(\mathbf{u}) \wedge \mathbf{H}(\mathbf{u}|\mathbf{v}) \rightarrow \mathbf{u} = \mathbf{v})\big),$$

$$(\forall)\big(\exists!!\mathbf{u}\mathbf{H}(\mathbf{u}) \leftrightarrow \exists\mathbf{u}\mathbf{H}(\mathbf{u}) \wedge \exists!\mathbf{u}\mathbf{H}(\mathbf{u})\big).$$

Der Gebrauch von $\iota$ ist der folgende: Ist **T** ein — zum Zwecke der eindeutigen Interpretierbarkeit der folgenden Formulierungen eventuell durch Klammern begrenzter — Term der Mengenlehre, der mit **H** keine gemeinsamen Variablen hat, und kommt **u** frei in **H** vor, so gilt

$$(\forall)(\mathbf{T} \in \iota\mathbf{u}\mathbf{H}(\mathbf{u}) \leftrightarrow \exists!!\mathbf{u}\mathbf{H}(\mathbf{u}) \wedge \exists\mathbf{u}(\mathbf{T} \in \mathbf{u} \wedge \mathbf{H}(\mathbf{u}))),$$
$$(\forall)(\iota\mathbf{u}\mathbf{H}(\mathbf{u}) \in \mathbf{T} \leftrightarrow \exists!!\mathbf{u}\mathbf{H}(\mathbf{u}) \wedge \exists\mathbf{u}(\mathbf{u} \in \mathbf{T} \wedge \mathbf{H}(\mathbf{u}))),$$
$$(\forall)(\mathbf{T} \sqsubset \iota\mathbf{u}\mathbf{H}(\mathbf{u}) \leftrightarrow \exists!!\mathbf{u}\mathbf{H}(\mathbf{u}) \wedge \exists\mathbf{u}(\mathbf{T} \sqsubset \mathbf{u} \wedge \mathbf{H}(\mathbf{u}))),$$
$$(\forall)(\iota\mathbf{u}\mathbf{H}(\mathbf{u}) \sqsubset \mathbf{T} \leftrightarrow \exists!!\mathbf{u}\mathbf{H}(\mathbf{u}) \wedge \exists\mathbf{u}(\mathbf{u} \sqsubset \mathbf{T} \wedge \mathbf{H}(\mathbf{u}))),$$
$$(\forall)(\mathbf{T} = \iota\mathbf{u}\mathbf{H}(\mathbf{u}) \leftrightarrow \exists!!\mathbf{u}\mathbf{H}(\mathbf{u}) \wedge \exists\mathbf{u}(\mathbf{T} = \mathbf{u} \wedge \mathbf{H}(\mathbf{u}))),$$
$$(\forall)(\iota\mathbf{u}\mathbf{H}(\mathbf{u}) = \mathbf{T} \leftrightarrow \exists!!\mathbf{u}\mathbf{H}(\mathbf{u}) \wedge \exists\mathbf{u}(\mathbf{u} = \mathbf{T} \wedge \mathbf{H}(\mathbf{u}))).$$

Mit der Angabe des Gebrauches des *bestimmten Artikels* $\iota$ in den aufgeführten sechs Fällen ist dann der Gebrauch des bestimmten Artikels in der Mengenlehre generell festgelegt, da alle mengentheoretischen Begriffe aus $\in$, $\sqsubset$ heraus durch logische Zusammensetzung und Variablenverwendung aufgebaut sind und somit als Grundbeziehungen nur $\in, \sqsubset, =$ auftreten können (vgl. § 2, Abschnitt 11).

Die *Identität* (*Gleichheit*, *Gleichheitsbeziehung*) $=$ ist eine Beziehung zwischen Dingen. Es gilt also für beliebige Dinge $\alpha, \beta$ entweder $\alpha = \beta$ oder $\alpha \neq \beta$. Damit ist nichts über die Entscheidung dieser beiden Fälle gesagt. Es ist $\alpha = \beta$ genau dann, wenn $\alpha$ und $\beta$ ein und dasselbe Ding sind. Der Dingbegriff hängt eng mit der Identität zusammen, da man genau dann von Dingen spricht, wenn diese sich im Sinne von „Für beliebige Dinge $\alpha, \beta$ gilt entweder $\alpha = \beta$ oder $\alpha \neq \beta$." voneinander wohlunterscheiden. Der Gebrauch von $=$ (speziell für die uns interessierenden Dinge der Mengenlehre) ist der folgende:

$$\forall\mathbf{u}(\mathbf{u} = \mathbf{u})$$

(*Reflexivität* (der Identität)),

$$\forall\mathbf{u}\forall\mathbf{v}(\mathbf{u} = \mathbf{v} \rightarrow \mathbf{v} = \mathbf{u})$$

(*Symmetrie*),

$$\forall\mathbf{u}\forall\mathbf{v}\forall\mathbf{w}(\mathbf{u} = \mathbf{v} \wedge \mathbf{v} = \mathbf{w} \rightarrow \mathbf{u} = \mathbf{w})$$

(*Transitivität*);

kommt $\mathbf{u}$ frei und $\mathbf{v}$ nicht gebunden in $\mathbf{H}$ vor, so gilt

$$(\forall)\forall \mathbf{u}\,\forall \mathbf{v}(\mathbf{u} = \mathbf{v} \,.\!\rightarrow\!.\, \mathbf{H}(\mathbf{u}) \leftrightarrow \mathbf{H}(\mathbf{u} \,\|\, \mathbf{v}))$$

(LEIBNIZsche Ersetzbarkeit).

Die LEIBNIZsche Ersetzbarkeit besagt, anschaulich gesprochen, daß man gleiche Objekte in jedem Zusammenhang nach Belieben durcheinander ersetzen kann.

**3. Logische Schlüsse.** *Logische Schlüsse* oder *Syllogismen* sind Implikationen, welche für jeden Menschen auf Grund des ihm angeborenen Denkvermögens in den logischen Begriffen rein logisch richtig sind, also rein denkmäßige Selbstverständlichkeiten sind. Wir geben einige Beispiele.

Aussagenlogische Schlüsse

$\mathbf{A}$, $\mathbf{B}$, $\mathbf{C}$, $\mathbf{D}$ seien irgendwelche (nicht notwendig mengentheoretische) Aussagen. Wir verabreden, die Verneinung einer Aussage auch durch Überstreichung anzudeuten, also etwa $\bar{\mathbf{A}}$ (gelesen: $\mathbf{A}$ *nicht* oder einfach: $\mathbf{A}$ *quer*) statt $\neg\, \mathbf{A}$ zu schreiben. In dieser Schreibweise lauten der Satz vom ausgeschlossenen Dritten und der Satz vom ausgeschlossenen Widerspruch dann:

$$\mathbf{A} \vee \bar{\mathbf{A}}, \quad \overline{\mathbf{A} \wedge \bar{\mathbf{A}}}.$$

*Entweder* $\mathbf{A}$ *oder* $\mathbf{B}$ läßt sich wiedergeben als

$$(\mathbf{A} \vee \mathbf{B}) \wedge \overline{\mathbf{A} \wedge \mathbf{B}}.$$

Ist für einen logischen Schluß $\mathbf{A} \rightarrow \mathbf{B}$ auch $\mathbf{B} \rightarrow \mathbf{A}$ ein logischer Schluß, so faßt man beide Schlüsse zu dem logischen Schluß im erweiterten Sinne $\mathbf{A} \leftrightarrow \mathbf{B}$ zusammen; $\mathbf{A} \leftrightarrow \mathbf{B}$ ist ja gleichwertig mit $\mathbf{A} \rightarrow \mathbf{B} \,.\!\wedge\!.\, \mathbf{B} \rightarrow \mathbf{A}$. Unter diesem Aspekt betrachte man die im folgenden angegebenen Beispiele für aussagenlogische Schlüsse.

$$(\mathbf{A} \wedge \mathbf{B}) \wedge \mathbf{C} \leftrightarrow \mathbf{A} \wedge \mathbf{B} \wedge \mathbf{C} \leftrightarrow \mathbf{A} \wedge (\mathbf{B} \wedge \mathbf{C})$$

$$(\mathbf{A} \vee \mathbf{B}) \vee \mathbf{C} \leftrightarrow \mathbf{A} \vee \mathbf{B} \vee \mathbf{C} \leftrightarrow \mathbf{A} \vee (\mathbf{B} \vee \mathbf{C})$$

(*Assoziativität* (von $\wedge$, $\vee$)).

Ebenso kann man bei mehr als drei Grundaussagen $\mathbf{A}, \mathbf{B}, \mathbf{C}, \ldots$ in $\mathbf{A} \wedge \mathbf{B} \wedge \mathbf{C} \wedge \ldots$ und $\mathbf{A} \vee \mathbf{B} \vee \mathbf{C} \vee$ diese Grundaussagen beliebig durch Klammern zusammenfassen.

$$\mathbf{A} \wedge \mathbf{B} \leftrightarrow \mathbf{B} \wedge \mathbf{A} \qquad \mathbf{A} \vee \mathbf{B} \leftrightarrow \mathbf{B} \vee \mathbf{A}$$

(*Kommutativität*).

Ebenso kann man bei mehr als zwei Grundaussagen $\mathbf{A}, \mathbf{B}, \ldots$ in $\mathbf{A} \wedge \mathbf{B} \wedge \ldots$ und $\mathbf{A} \vee \mathbf{B} \vee \ldots$ beliebig die Reihenfolge dieser Grundaussagen vertauschen.

$$\mathbf{A} \wedge (\mathbf{B} \vee \mathbf{C}) \leftrightarrow (\mathbf{A} \wedge \mathbf{B}) \vee (\mathbf{A} \wedge \mathbf{C})$$

$$\mathbf{A} \vee (\mathbf{B} \wedge \mathbf{C}) \leftrightarrow (\mathbf{A} \vee \mathbf{B}) \wedge (\mathbf{A} \vee \mathbf{C})$$

(*Distributivität*).

Ebenso kann man die Grundaussage **A** bei mehr als zwei Grundaussagen **B**, **C**, … ausklammern.

$$\mathbf{A} \leftrightarrow \mathbf{A}, \quad \mathbf{A} \leftrightarrow \mathbf{A} \wedge \mathbf{A}, \quad \mathbf{A} \leftrightarrow \mathbf{A} \vee \mathbf{A}.$$

$$\mathbf{A} \wedge \mathbf{B} \rightarrow \mathbf{A}, \quad \mathbf{A} \rightarrow \mathbf{A} \vee \mathbf{B},$$

$$\mathbf{A} \wedge \mathbf{B} \rightarrow \mathbf{B}, \quad \mathbf{B} \rightarrow \mathbf{A} \vee \mathbf{B}.$$

$$\mathbf{A} \rightarrow \mathbf{B} \leftrightarrow \bar{\mathbf{A}} \vee \mathbf{B},$$

$$\mathbf{A} \vee \mathbf{B} \leftrightarrow \bar{\mathbf{A}} \rightarrow \mathbf{B} \leftrightarrow \bar{\mathbf{B}} \rightarrow \mathbf{A},$$

$$(\mathbf{A} \rightarrow \mathbf{B}) \wedge \mathbf{A} \rightarrow \mathbf{B} \qquad (\mathbf{A} \rightarrow \mathbf{B}) \wedge \bar{\mathbf{B}} \rightarrow \bar{\mathbf{A}}$$

(Abtrennungsregel oder Modus ponens), (Modus tollens),

$$\mathbf{A} \rightarrow \mathbf{B} \;.\wedge.\; \mathbf{B} \rightarrow \mathbf{C} \;.\rightarrow.\; \mathbf{A} \rightarrow \mathbf{C}$$

(Kettenschluß oder Hypothetischer Syllogismus).

$$\mathbf{A} \leftrightarrow \mathbf{B} \;.\leftrightarrow.\; \mathbf{A} \rightarrow \mathbf{B} \;.\wedge.\; \mathbf{B} \rightarrow \mathbf{A},$$

$$\mathbf{A} \leftrightarrow \mathbf{B} \;.\leftrightarrow.\; \mathbf{B} \leftrightarrow \mathbf{A},$$

$$\mathbf{A} \leftrightarrow \mathbf{B} \;.\wedge.\; \mathbf{B} \leftrightarrow \mathbf{C} \;.\rightarrow.\; \mathbf{A} \leftrightarrow \mathbf{C},$$

$$(A \leftrightarrow B) \wedge (C \leftrightarrow D) .\rightarrow. (A \wedge C) \leftrightarrow (B \wedge D)$$
$$.\wedge. (A \vee C) \leftrightarrow (B \vee D)$$
$$.\wedge. (A \rightarrow C) \leftrightarrow (B \rightarrow D)$$
$$.\wedge. (A \leftrightarrow C) \leftrightarrow (B \leftrightarrow D).$$

$$A \rightarrow (B \rightarrow C) \leftrightarrow B \rightarrow (A \rightarrow C),$$
$$A \rightarrow (B \rightarrow C) \leftrightarrow (A \wedge B) \rightarrow C,$$
$$(A \wedge B) \rightarrow C \leftrightarrow (A \rightarrow C) \vee (B \rightarrow C),$$
$$(A \vee B) \rightarrow C \leftrightarrow (A \rightarrow C) \wedge (B \rightarrow C),$$
$$A \rightarrow (B \wedge C) \leftrightarrow (A \rightarrow B) \wedge (A \rightarrow C),$$
$$A \rightarrow (B \vee C) \leftrightarrow (A \rightarrow B) \vee (A \rightarrow C).$$

$$\bar{\bar{A}} \leftrightarrow A, \qquad A \wedge \bar{A} \rightarrow B, \qquad B \rightarrow A \vee \bar{A}.$$

Der vorletzte Schluß besagt, daß man (über die Abtrennungsregel) aus einem logischen Widerspruch $A \wedge \bar{A}$ jede Aussage beweisen könnte; daraus resultiert die Sinnlosigkeit einer jeden wissenschaftlichen Theorie, in der ein logischer Widerspruch erzeugbar ist.

$$A .\rightarrow. B \rightarrow A \qquad \bar{A} .\rightarrow. A \rightarrow B$$

(Regula veri), (Regula falsi).

$$\overline{A \wedge B} \leftrightarrow \bar{A} \vee \bar{B} \leftrightarrow A \rightarrow \bar{B} \leftrightarrow B \rightarrow \bar{A},$$
$$\overline{A \vee B} \leftrightarrow \bar{A} \wedge \bar{B},$$
$$\overline{A \rightarrow B} \leftrightarrow A \wedge \bar{B},$$
$$\overline{A \leftrightarrow B} .\leftrightarrow. A \leftrightarrow \bar{B} .\leftrightarrow. \bar{A} \leftrightarrow B.$$

$$A \rightarrow B \leftrightarrow \bar{B} \rightarrow \bar{A} \qquad A \leftrightarrow B .\leftrightarrow. \bar{A} \leftrightarrow \bar{B}$$

(Kontraposition).

Der Satz vom ausgeschlossenen Dritten und der Satz vom ausgeschlossenen Widerspruch spiegeln sich besonders eindrucksvoll in den folgenden beiden logischen Schlüssen wider:

$(\mathbf{A} \to \mathbf{B}) \wedge (\bar{\mathbf{A}} \to \mathbf{B}) \to \mathbf{B}$ (Exhaustionseffekt), $(\mathbf{A} \to \mathbf{B}) \wedge (\mathbf{A} \to \bar{\mathbf{B}}) \to \bar{\mathbf{A}}$ (Reductio ad absurdum).

$$\bar{\mathbf{A}} \to \mathbf{B} \wedge \bar{\mathbf{B}} .\to. \mathbf{A}$$

(Methode des indirekten Beweises);

d. h. eine Aussage **A** ist dann richtig, wenn aus ihrem angenommenen Gegenteil $\bar{\mathbf{A}}$ ein logischer Widerspruch $\mathbf{B} \wedge \bar{\mathbf{B}}$ folgen würde (wenn aus $\bar{\mathbf{A}}$ *im Widerspruch zu* **B** das Gegenteil $\bar{\mathbf{B}}$ folgen würde, wenn aus $\bar{\mathbf{A}}$ *der Widerspruch* $\bar{\mathbf{B}}$ *zu* **B** folgen würde).

Die Richtigkeit aller aufgeführten aussagenlogischen Schlüsse kann man auch formal leicht einsehen, wenn man die in diesen Schlüssen — die ja aus Grundaussagen zusammengesetzte Aussagen sind — auftretenden Grundaussagen **A**, **B**, **C**, **D**, … nach Belieben als wahr oder falsch annimmt und in jedem der dabei möglichen Fälle mit Hilfe der in Abschnitt 2 angegebenen Wahrheitstafel feststellt, daß der jeweils betrachtete logische Schluß eine wahre Aussage ist.

Rückblickend stellen wir fest: Ein Wesenszug aussagenlogischer Schlüsse ist, daß sie unabhängig von der speziellen Bedeutung der in ihnen auftretenden Grundaussagen wahr sind.

### Prädikatenlogische Schlüsse

Prädikatenlogische Schlüsse demonstrieren wir anhand von mengentheoretischen Ausdrücken und Termen. Unter vorausgesetzter Nichtleerheit des Variabilitätsbereiches der verwendeten Variablen (vgl. § 4, Abschnitt 5) sind diese Schlüsse natürlich in jedem beliebigen, nicht notwendig mengentheoretischen, Zusammenhang gültig. Es seien im folgenden $\mathbf{H}, \mathbf{H}_1, \mathbf{H}_2$ irgendwelche durch Klammern begrenzte Ausdrücke der Mengenlehre, und **u**, **v** bezeichnen irgendwelche verschiedene Variablen der

Mengenlehre. Prädikatenlogische Schlüsse werden (wie viele der oben angeführten aussagenlogischen Schlüsse) auch wieder im Sinne *erweiterter logischer Schlüsse* verstanden; d. h. als rein logisch selbstverständliche Aussagen, welche logische Schlüsse im Sinne unmittelbarer Implikationen als wesentlichste Bestandteile enthalten. Nun zu den Beispielen für prädikatenlogische Schlüsse.

Sind $\mathbf{H}_1, \mathbf{H}_2$ Aussagen der Mengenlehre, welche sich nur durch Verwendung anderer Objektvariabler oder auf Grund verwendeter Abkürzungen oder umgangssprachlicher Einkleidungen unterscheiden, so gilt:

$$\mathbf{H}_1 \leftrightarrow \mathbf{H}_2 .$$

Kommen die Variablen $\mathbf{u}, \mathbf{v}$ frei in $\mathbf{H}$ vor, so gilt:

$$(\forall)\ (\forall \mathbf{u} \forall \mathbf{v} \mathbf{H}(\mathbf{u}, \mathbf{v}) \rightarrow \forall \mathbf{u} \mathbf{H}(\mathbf{u}, \mathbf{v} \mid \mathbf{u})),$$
$$(\forall)\ (\forall \mathbf{u} \mathbf{H}(\mathbf{u}, \mathbf{v} \mid \mathbf{u}) \rightarrow \forall \mathbf{u} \exists \mathbf{v} \mathbf{H}(\mathbf{u}, \mathbf{v})),$$
$$(\forall)\ (\exists \mathbf{u} \mathbf{H}(\mathbf{u}, \mathbf{v} \mid \mathbf{u}) \rightarrow \exists \mathbf{u} \exists \mathbf{v} \mathbf{H}(\mathbf{u}, \mathbf{v})),$$
$$(\forall)\ (\exists \mathbf{u} \forall \mathbf{v} \mathbf{H}(\mathbf{u}, \mathbf{v}) \rightarrow \exists \mathbf{u} \mathbf{H}(\mathbf{u}, \mathbf{v} \mid \mathbf{u})),$$

$$(\forall)\ (\forall \mathbf{u} \forall \mathbf{v} \mathbf{H}(\mathbf{u}, \mathbf{v}) \leftrightarrow \forall \mathbf{v} \forall \mathbf{u} \mathbf{H}(\mathbf{u}, \mathbf{v})),$$
$$(\forall)\ (\exists \mathbf{u} \exists \mathbf{v} \mathbf{H}(\mathbf{u}, \mathbf{v}) \leftrightarrow \exists \mathbf{v} \exists \mathbf{u} \mathbf{H}(\mathbf{u}, \mathbf{v})),$$
$$(\forall)\ (\exists \mathbf{u} \forall \mathbf{v} \mathbf{H}(\mathbf{u}, \mathbf{v}) \rightarrow \forall \mathbf{v} \exists \mathbf{u} \mathbf{H}(\mathbf{u}, \mathbf{v})).$$

Ebenso kann man bei mehr als zwei frei in $\mathbf{H}$ vorkommenden Variablen $\mathbf{u}, \mathbf{v}, \ldots$ die Zeichenreihen $\forall \mathbf{u}, \forall \mathbf{v}, \ldots$ bzw. $\exists \mathbf{u}, \exists \mathbf{v}, \ldots$ in beliebiger Reihenfolge vor $\mathbf{H}(\mathbf{u}, \mathbf{v}, \ldots)$ setzen. Kommt $\mathbf{u}$ frei in $\mathbf{H}$ vor, so gilt (unter Verwendung der Nichtleerheit des Variabilitätsbereiches):

$$(\forall)\ (\forall \mathbf{u} \mathbf{H}(\mathbf{u}) \rightarrow \exists \mathbf{u} \mathbf{H}(\mathbf{u})),$$
$$(\forall)\ (\neg \forall \mathbf{u} \mathbf{H}(\mathbf{u}) \leftrightarrow \exists \mathbf{u} \neg \mathbf{H}(\mathbf{u})),$$
$$(\forall)\ (\neg \exists \mathbf{u} \mathbf{H}(\mathbf{u}) \leftrightarrow \forall \mathbf{u} \neg \mathbf{H}(\mathbf{u})).$$

Kommt $\boldsymbol{u}$ frei in $\boldsymbol{H}_1, \boldsymbol{H}_2$ vor und kommt keine freie Variable aus $\mathbf{H}_1$ in $\mathbf{H}_2$ gebunden vor und keine freie Variable aus

$\mathbf{H}_2$ in $\mathbf{H}_1$ gebunden vor, so gilt:

$$(\forall)\bigl(\forall \mathbf{u}(\mathbf{H}_1(\mathbf{u}) \wedge \mathbf{H}_2(\mathbf{u})) \leftrightarrow \forall \mathbf{u}\mathbf{H}_1(\mathbf{u}) \wedge \forall \mathbf{u}\mathbf{H}_2(\mathbf{u})\bigr),$$
$$(\forall)\bigl(\exists \mathbf{u}(\mathbf{H}_1(\mathbf{u}) \wedge \mathbf{H}_2(\mathbf{u})) \rightarrow \exists \mathbf{u}\mathbf{H}_1(\mathbf{u}) \wedge \exists \mathbf{u}\mathbf{H}_2(\mathbf{u})\bigr),$$
$$(\forall)\bigl(\forall \mathbf{u}\mathbf{H}_1(\mathbf{u}) \wedge \exists \mathbf{u}\mathbf{H}_2(\mathbf{u}) \rightarrow \exists \mathbf{u}(\mathbf{H}_1(\mathbf{u}) \wedge \mathbf{H}_2(\mathbf{u}))\bigr),$$
$$(\forall)\bigl(\exists \mathbf{u}(\mathbf{H}_1(\mathbf{u}) \vee \mathbf{H}_2(\mathbf{u})) \leftrightarrow \exists \mathbf{u}\mathbf{H}_1(\mathbf{u}) \vee \exists \mathbf{u}\mathbf{H}_2(\mathbf{u})\bigr),$$
$$(\forall)\bigl(\forall \mathbf{u}\mathbf{H}_1(\mathbf{u}) \vee \forall \mathbf{u}\mathbf{H}_2(\mathbf{u}) \rightarrow \forall \mathbf{u}(\mathbf{H}_1(\mathbf{u}) \vee \mathbf{H}_2(\mathbf{u}))\bigr),$$
$$(\forall)\bigl(\forall \mathbf{u}(\mathbf{H}_1(\mathbf{u}) \rightarrow \mathbf{H}_2(\mathbf{u})) \;.\!\rightarrow\!.\; \forall \mathbf{u}(\mathbf{H}_1(\mathbf{u}) \rightarrow \forall \mathbf{u}(\mathbf{H}_1(\mathbf{u}) \wedge \mathbf{H}_2(\mathbf{u})) \;.\!\wedge\!.\; \exists \mathbf{u}\mathbf{H}_1(\mathbf{u}) \rightarrow \exists \mathbf{u}(\mathbf{H}_1(\mathbf{u}) \wedge \mathbf{H}_2(\mathbf{u}))\bigr),$$
$$\bigl((\forall)\, \forall \mathbf{u}(\mathbf{H}_1(\mathbf{u}) \leftrightarrow \mathbf{H}_2(\mathbf{u})) \;.\!\rightarrow\!.\; \forall \mathbf{u}\mathbf{H}_1(\mathbf{u}) \leftrightarrow \forall \mathbf{u}\mathbf{H}_2(\mathbf{u}) \;.\!\wedge\!.\; \exists \mathbf{u}\mathbf{H}_1(\mathbf{u}) \leftrightarrow \exists \mathbf{u}\mathbf{H}_2(\mathbf{u})\bigr).$$

Kommt **u** frei in $\mathbf{H}_1$ und nicht in $\mathbf{H}_2$ vor und kommt keine freie Variable aus $\mathbf{H}_1$ in $\mathbf{H}_2$ gebunden vor und keine freie Variable aus $\mathbf{H}_2$ in $\mathbf{H}_1$ gebunden vor, so gilt (unter Verwendung der Nichtleerheit des Variabilitätsbereiches):

$$(\forall)\bigl(\forall \mathbf{u}(\mathbf{H}_2 \wedge \mathbf{H}_1(\mathbf{u})) \leftrightarrow \mathbf{H}_2 \wedge \forall \mathbf{u}\mathbf{H}_1(\mathbf{u})\bigr),$$
$$(\forall)\bigl(\exists \mathbf{u}(\mathbf{H}_2 \wedge \mathbf{H}_1(\mathbf{u})) \leftrightarrow \mathbf{H}_2 \wedge \exists \mathbf{u}\mathbf{H}_1(\mathbf{u})\bigr),$$
$$(\forall)\bigl(\forall \mathbf{u}(\mathbf{H}_2 \vee \mathbf{H}_1(\mathbf{u})) \leftrightarrow \mathbf{H}_2 \vee \forall \mathbf{u}\mathbf{H}_1(\mathbf{u})\bigr),$$
$$(\forall)\bigl(\exists \mathbf{u}(\mathbf{H}_2 \vee \mathbf{H}_1(\mathbf{u})) \leftrightarrow \mathbf{H}_2 \vee \exists \mathbf{u}\mathbf{H}_1(\mathbf{u})\bigr),$$
$$(\forall)\bigl(\forall \mathbf{u}(\mathbf{H}_2 \rightarrow \mathbf{H}_1(\mathbf{u})) \leftrightarrow \mathbf{H}_2 \rightarrow \forall \mathbf{u}\mathbf{H}_1(\mathbf{u})\bigr),$$
$$(\forall)\bigl(\exists \mathbf{u}(\mathbf{H}_2 \rightarrow \mathbf{H}_1(\mathbf{u})) \leftrightarrow \mathbf{H}_2 \rightarrow \exists \mathbf{u}\mathbf{H}_1(\mathbf{u})\bigr),$$
$$(\forall)\bigl(\forall \mathbf{u}(\mathbf{H}_1(\mathbf{u}) \rightarrow \mathbf{H}_2) \leftrightarrow \exists \mathbf{u}\mathbf{H}_1(\mathbf{u}) \rightarrow \mathbf{H}_2\bigr),$$
$$(\forall)\bigl(\exists \mathbf{u}(\mathbf{H}_1(\mathbf{u}) \rightarrow \mathbf{H}_2) \leftrightarrow \forall \mathbf{u}\mathbf{H}_1(\mathbf{u}) \rightarrow \mathbf{H}_2\bigr).$$

Kommt **u** frei in **H** vor und kommt **v** nicht in **H** vor, so gilt:

$$(\forall)\bigl(\exists!!\mathbf{u}\mathbf{H}(\mathbf{u}) \leftrightarrow \exists \mathbf{v}(\mathbf{v} = \iota \mathbf{u}\mathbf{H}(\mathbf{u}))\bigr).$$

Kommt **u** frei in **H** vor und ist $\mathbf{H}^*(\mathbf{u})$ ein aus $\mathbf{H}(\mathbf{u})$ dadurch entstandener Ausdruck der Mengenlehre, daß man jede gebundene Variable von **H** umbenennt in eine nicht in **H** auftretende Variable der Mengenlehre, wobei verschiedene Variablen von **H** auch nach Umbenennung der gebundenen Variablen wieder verschieden seien (besitzt

**H** keine gebundenen Variablen, so ist $\mathbf{H}^*(\mathbf{u})$ gleich $\mathbf{H}(\mathbf{u})$ selbst), so gilt:

$$(\forall)\big(\exists!!\mathbf{u}\mathbf{H}(\mathbf{u}) \rightarrow \mathbf{H}(\mathbf{u} \mid \iota\mathbf{u}\mathbf{H}^*(\mathbf{u}))\big)$$

(Selbstbezeichnung).

Kommt **u** frei in **H**, $\mathbf{H}_1$ vor und besitzen **H**, $\mathbf{H}_1$ außer **u** keine weiteren gemeinsamen Variablen, so gilt:

$$(\forall)\big(\exists!!\mathbf{u}\mathbf{H}(\mathbf{u}).\rightarrow.\mathbf{H}_1(\mathbf{u} \mid \iota\mathbf{u}\mathbf{H}(\mathbf{u})) \leftrightarrow \exists\mathbf{u}(\mathbf{H}_1(\mathbf{u}) \wedge \mathbf{H}(\mathbf{u}))\big)$$

$$(\forall)\big(\exists!!\mathbf{u}\mathbf{H}(\mathbf{u}).\rightarrow.\forall\mathbf{u}\mathbf{H}_1(\mathbf{u}) \rightarrow \mathbf{H}_1(\mathbf{u} \mid \iota\mathbf{u}\mathbf{H}(\mathbf{u}))\big)$$

(Termeinsetzung).

Kommt **u** frei in $\mathbf{H}_1$, $\mathbf{H}_2$ vor und kommt keine freie Variable aus $\mathbf{H}_1$ in $\mathbf{H}_2$ gebunden vor und keine freie Variable aus $\mathbf{H}_2$ in $\mathbf{H}_1$ gebunden vor, so gilt:

$$(\forall)\big(\exists!!\mathbf{u}\mathbf{H}_1(\mathbf{u}) \wedge \forall\mathbf{u}(\mathbf{H}_1(\mathbf{u}) \leftrightarrow \mathbf{H}_2(\mathbf{u})) \rightarrow \exists!!\mathbf{u}\mathbf{H}_2(\mathbf{u}) \wedge \iota\mathbf{u}\mathbf{H}_1(\mathbf{u}) = \iota\mathbf{u}\mathbf{H}_2(\mathbf{u})\big).$$

Kommt **u** frei in **H**, $\mathbf{H}_1$, $\mathbf{H}_2$ vor, kommt keine freie Variable aus $\mathbf{H}_1$ in $\mathbf{H}_2$ gebunden vor und keine freie Variable aus $\mathbf{H}_2$ in $\mathbf{H}_1$ gebunden vor und besitzen **H**, $\mathbf{H}_1$ und ebenso **H**, $\mathbf{H}_2$ außer **u** keine weiteren gemeinsamen Variablen, so gilt:

$$(\forall)\big(\exists!!\mathbf{u}\mathbf{H}_1(\mathbf{u}) \wedge \forall\mathbf{u}(\mathbf{H}_1(\mathbf{u}) \leftrightarrow \mathbf{H}_2(\mathbf{u})) .\rightarrow. \mathbf{H}(\mathbf{u} \mid \iota\mathbf{u}\mathbf{H}_1(\mathbf{u})) \leftrightarrow \mathbf{H}(\mathbf{u} \mid \iota\mathbf{u}\mathbf{H}_2(\mathbf{u}))\big),$$

$$(\forall)\big(\exists!!\mathbf{u}\mathbf{H}(\mathbf{u}) \wedge \forall\mathbf{u}(\mathbf{H}_1(\mathbf{u}) \leftrightarrow \mathbf{H}_2(\mathbf{u})) .\rightarrow. \mathbf{H}_1(\mathbf{u} \mid \iota\mathbf{u}\mathbf{H}(\mathbf{u})) \leftrightarrow. \mathbf{H}_2(\mathbf{u} \mid \iota\mathbf{u}\mathbf{H}(\mathbf{u}))\big).$$

Auch die Schlüsse mit dem bestimmten Artikel sind, wie die Beispiele zeigen, die jedermann geläufigen Schlüsse, allerdings immer unter der Voraussetzung der eindeutigen Existenz des betreffenden mit dem bestimmten Artikel bezeichneten Dinges. Das ist aber keine Einschränkung, da man ja im Verlaufe der Theorie prinzipiell nur solche mit dem bestimmten Artikel eingeführten mengentheoretischen Begriffe verwendet (wie die leere Menge $\Phi$ oder die Vereinigung $A \cup B$ von Mengen $A, B$), welche ein eindeutig existierendes Ding bezeichnen (es gibt ein solches Ding und höchstens ein solches Ding) und somit die erwähnte Voraussetzung stets verfügbar ist. Trotzdem muß man zur strengen Erklärung der mengentheoretischen Ausdrücke beliebige mengentheoretische Terme zulassen — gleichgültig also, ob diese Terme beim Festhalten der freien Variablen wirkliche oder nur gedachte Dinge bezeichnen —; denn eine solche strenge Ausdrucksbestimmung (vgl. § 2, Abschnitt 11) basiert auf formaler strukturell-zeichentheoretischer Grundlage und muß damit unabhängig sein von der Bedeutung der auftretenden formalen Atomzeichen, also auch davon, ob auftretende formale Terme wirkliche oder nur gedachte Dinge bezeichnen.

Rückblickend stellen wir fest: Ein Wesenszug prädikatenlogischer Schlüsse ist, daß sie unabhängig von der speziellen Wahl des Variabilitätsbereiches der in ihnen auftretenden Variablen und unabhängig von der speziellen Wahl der zur Bildung der auftretenden Ausdrücke und Terme neben = verwendeten Grundbeziehungen zwischen den Dingen des Variabilitätsbereiches (in unserem mengentheoretischen Fall $\in$, $\sqsubset$) wahr sind.

Damit beenden wir die Beispiele für logische Schlüsse. Sie sollten lediglich zur letzten Sicherheit im logischen Schließen noch einmal den rein logischen Charakter logischer Schlüsse demonstrieren.

**4. Schlußbemerkungen.** Alle für das Verständnis von Kapitel I stillschweigend vorausgesetzten elementaren menschlichen Fähigkeiten und Fertigkeiten — darunter die Bildung, die Wiedergabe, das Erkennen und Verstehen von Aussagen, Kennzeichnungen, Ausdrücken und Termen, die sinngerechte Verwendung von Variablen, das sinngerechte Definieren neuer Begriffe, ein gesundes Vorstellungs- und Abstraktionsvermögen und das logische Schließen — benutzen wir selbstverständlich ohne Einschränkung von allem Anfang an und ein für allemal. Man kann solche elementaren Fähigkeiten und Fertigkeiten — wie wir es (in § 2 und § 3) getan haben und wie sie sich der Leser während seiner Schulzeit auch nur hat aneignen können — höchstens zur letzten Sicherheit und zur Schärfung des Verstandes noch einmal derart analysieren, an Beispielen demonstrieren und festigen, daß man sie dabei — zumindest die betreffenden Fähigkeiten — zu ihrer eigenen Erläuterung und ihrem eigenen Verständnis fortwährend selbst verwendet. Eine andere Methode exakten mengentheoretischen Beginnens gibt es prinzipiell nicht; man kann nicht aus dem Nichts heraus (d. h. absolut voraussetzungslos) etwas beginnen wollen.

Nachdem wir nun alle Vorbereitungen für den axiomatischen Ablauf der Mengenlehre getroffen haben, wenden wir uns dem elementaren Axiomensystem zu.

KAPITEL II

# Das elementare Axiomensystem

## *§ 4. Die elementaren Axiome*

**1. Logische Widersprüche. Axiomatische Mengenlehre.** Man nennt die Konjunktion $\mathbf{A} \wedge \bar{\mathbf{A}}$ einer Aussage **A** und deren Verneinung $\bar{\mathbf{A}}$ einen *logischen Widerspruch*, eine *Antinomie*. Auf Grund des Satzes der Zweiwertigkeit der Logik ist eine Antinomie stets falsch. Jede vom Menschen aufgestellte Theorie soll in einer systematischen Form ein gewisses Teilgebiet der Realität widerspiegeln. Die Mindestforderung, die man daher an eine Theorie stellen muß, ist, daß sie logisch einwandfrei, d. h. ohne logische Widersprüche ist, da es in der Realität erfahrungsgemäß keine logischen Widersprüche gibt, d. h. keine Sachverhalte, die gleichzeitig vorliegen und nicht vorliegen; außerdem ist eine Theorie mit einem logischen Widerspruch sinnlos (vgl. die aussagenlogischen Schlüsse in § 3). Inwieweit eine logisch widerspruchsfreie Theorie dann trotzdem nur die Realität richtig beschreibt, ist eine Frage, die ausschließlich durch die Anwendung der Theorie auf die Praxis beantwortet werden kann.

In der ursprünglichen Mengenlehre CANTORS, der *naiven* (d. h. unaxiomatischen) *Mengenlehre*, traten logische Widersprüche auf. Man war damals der Überzeugung, daß der anschauliche Mengenbegriff, in der in den Abschnitten 1, 2 aus § 1 entwickelten allgemeinen Form, ganz beliebige Dinge ganz beliebig zu Mengen zusammenzufassen gestattet. Da veröffentlichte RUSSELL im Jahre 1903 die nach ihm benannte RUSSELL*sche Antinomie* der Menge aller Mengen, die sich nicht selbst als Element enthalten. Wäre $R$ diese Menge aller Mengen, welche sich nicht selbst als Element enthalten — $R$ wäre offenbar gleichzeitig die Menge aller Mengen —, so ergibt sich sofort:

$$R \in R \rightarrow R \notin R, \qquad R \notin R \rightarrow R \in R,$$

also insgesamt der logische Widerspruch

$$R \in R \wedge R \notin R.$$

Auf rein logischem Wege haben wir somit unter der Annahme der Existenz von $R$ eine Antinomie erhalten. Da wir das menschliche logische Denken als richtig und unantastbar anerkennen wollen — d. h. durch logisches Schließen gelangt man von richtigen Aussagen stets wieder zu richtigen Aussagen —, muß die Aussage der Existenz von $R$ falsch sein. Ähnlich der RUSSELLschen Antiomie fand man noch weitere logische Widersprüche in der naiven Mengenlehre. Neben diesen logischen Widersprüchen der Mengenlehre, den *syntaktischen Antinomien* (Antinomien beim logischen Ableiten von Sätzen einer Theorie aus schon bekannten Sätzen dieser Theorie), ist noch eine andere Art logischer Widersprüche bekannt, die *semantischen Antinomien* (Antinomien durch den Sprachgebrauch); weitere logische Widersprüche kennt man nicht. Die bekannteste und älteste semantische Antinomie ist die *Antinomie des Lügners.* Sagt jemand den Satz „Der Satz, den ich eben spreche, ist falsch.", so ist dieser (etwas über sich selbst aussagende) Satz genau dann wahr, wenn er falsch ist; dieser Satz ist also gleichzeitig mit seiner Verneinung wahr, was ein logischer Widerspruch ist; dieser Satz ist somit keine sinnvolle Aussage. Um die Beseitigung semantischer Antinomien braucht man sich jedoch bei einem normalen Sprachgebrauch, wo also streng zwischen den Dingen, über die Aussagen gemacht werden, und den Bezeichnungen für diese Dinge bzw. den Aussagen über diese Dinge unterschieden wird, nicht weiter zu kümmern, da sie dann erfahrungsgemäß nicht auftreten.

Zum Zwecke der systematischen Vermeidung logischer Widersprüche wurde die naive Mengenlehre, unter Zugrundelegung kritischerer Anschauungen über den Mengenbegriff, abgelöst von der heute üblichen *axiomatischen Mengenlehre*, die durch folgende drei Tatsachen gekennzeichnet ist:

(1) Man präzisiert mit Hilfe vorgegebener *Ausdrucksmittel der Mengenlehre* den Begriff der *Aussage der Mengenlehre* und läßt innerhalb der Mengenlehre nur diese mengentheoretischen Aussagen zur Untersuchung zu.

(2) Man stellt an die Spitze der Mengenlehre gewisse, möglichst wenige, mengentheoretische Aussagen, deren Richtigkeit man auf Grund kritischer anschaulicher Vorstellungen und gesammelter Erfahrungen im Umgang mit diesen Aussagen (ihre angenommene Gültigkeit führte u. a. bis heute noch nicht zu einem logischen Widerspruch) möglichst leicht anerkennt und die genügend ausdrucksstark sind, so daß sich mit der unter (3) geschilderten Methode brauchbare theoretische Sätze herleiten lassen. Diese an die Spitze gestellten Aussagen heißen *Axiome der Mengenlehre*; die Gesamtheit der Axiome heißt ein *Axiomensystem der Mengenlehre.*

(3) Die *Methode der Gewinnung von Sätzen* (d. h. wahren Aussagen) *der Mengenlehre* ist das Ableiten mengentheoretischer Aussagen durch rein logisches Schließen aus dem Axiomensystem, wobei die Axiome selbst als aus dem Axiomensystem abgeleitete Aussagen betrachtet werden. Der Nachweis der Richtigkeit einer mengentheoretischen Aussage kann also nur durch Angabe eines *Beweises der Mengenlehre* erfolgen (d. h. durch Angabe einer solchen Kette von aus schon bekannten Sätzen durch logisches Schließen sukzessiv abgeleiteten Sätzen, welche als letztes Glied die gewünschte Aussage enthält).

Ein Axiomensystem der Mengenlehre bedarf im allgemeinen im Laufe der Weiterentwicklung der Mathematik einer fortwährenden Ergänzung durch Hinzunahme immer neuer Axiome und ist also stets nur ein

Axiomensystem in bezug auf den jeweils erreichten Stand der Forschung.

Die durch (1), (2), (3) gekennzeichnete axiomatische Methode in der Mengenlehre gewährleistet eine gute Abschirmung der Mengenlehre gegen logische Widersprüche: Mit (1) erzielt man einen kontrollierten Sprachgebrauch, der keine semantischen Antinomien entstehen läßt; (2) und (3) verhindern syntaktische Antinomien, indem durch (2) die Gültigkeit der Axiome auf Grund kritischster Anschauung und langer Erfahrung gesichert ist und man mit (3) zur Gewinnung neuer Sätze nur das denkbar zuverlässigste Hilfsmittel erlaubt, das logische Schließen. Wenn auch die axiomatische Mengenlehre von vornherein logische Widersprüche systematisch beseitigt, was ein großer Vorteil gegenüber der naiven Mengenlehre ist, so hüte man sich trotzdem im Hinblick auf die Widerspruchsfreiheit vor einer Überschätzung axiomatischer Begründungen der Mengenlehre; denn die Feststellung, daß die logischen Widersprüche von vornherein systematisch beseitigt werden, beruht nach (2) auch mit auf dem Erfahrungsmoment, und darin sind zukünftige Erfahrungen nicht mit enthalten. Genauso unangebracht wäre aber auch das andere Extrem einer Unterschätzung axiomatischer Begründungen der Mengenlehre im Hinblick auf die Widerspruchsfreiheit. Auf irgendwelche Annahmen muß man sich nun einmal stützen, um eine brauchbare Theorie entwickeln zu können, und Annahmen — erscheinen sie uns auch mehr oder weniger anschaulich und evident — können nur durch die im Umgang mit ihnen gesammelten Erfahrungen ihre Bestätigung finden. Dann stellt doch die axiomatische Mengenlehre gerade eine Möglichkeit dar, das Bestmögliche zu erreichen, was prinzipiell für die Widerspruchsfreiheit der Mengenlehre erreicht werden kann, nämlich eine von vornherein systematische, durch Erfahrung gesicherte Beseitigung logischer Widersprüche. Die Tatsache, daß die Mathematik, also die Mengenlehre, breiteste Anwendung in der Praxis findet, darf dabei mit zu den positiven Erfahrungen in Verbindung mit der Widerspruchsfreiheit der Mengenlehre gezählt werden.

Es gibt heute zahlreiche Axiomensysteme der Mengenlehre. Klassische Systeme sind die Systeme von

a) Russell (*Typentheorie*),

b) Zermelo-Fraenkel-Skolem,

c) J. v. Neumann-Bernays-Gödel-Quine (*Klassenkalkül*).

Das anschaulich nächstliegende Axiomensystem bietet die Russellsche Typentheorie, in der eine Stufung der Mengen durchgeführt wird; jeder Menge ordnet man eine höhere „Stufe" („Typ") zu als ihren Elementen. Diese Stufung ist eine grundlegende Eigenschaft der Mengen. Indem jedoch die Stufung in die Bezeichnung verlegt wird (man verwendet unendlich viele Variablensorten), ist die Typentheorie technisch unnötig kompliziert. Außerdem kann man jeweils nur Sätze über Mengen bis zu einer bestimmten Stufe formulieren und beweisen, nie über alle Mengen. Gegenüber a) sind b) und c) typenfreie Systeme; sie besitzen keine postulierte Stufung der Mengen. Es lassen sich Sätze stets für alle Mengen formulieren und beweisen (da nur eine Variablensorte verwendet wird). b) und c) sind theoretisch gleichwertig. Der v. Neumannsche Klassenkalkül ist in der Darstellung besonders elegant, da es, im Gegensatz zu a) und b), neben den normalen Mengen (Mengen erster Art) noch Unmengen (Mengen zweiter Art) gibt; beide Mengenarten werden zusammen auch „Klassen" genannt. Eine solche Unmenge ist z. B. die Klasse aller Mengen erster Art. Mit den Unmengen kann man noch in beschränktem Maße operieren. Wir legen der Mengenlehre in unserem Buch ein Axiomensystem zugrunde (das elementare Axiomensystem dieses § 4 und seine Erweiterung im dritten Band), welches sachlich und technisch eine möglichst unkomplizierte Darstellung der Mathematik gewährleistet, indem es die drei Systeme a), b), c) miteinander verschmilzt. Die anschauliche Grundlage für unser Axiomensystem bilden die in § 1 entwickelten Anschauungen über die Elementbeziehung $\in$ und Stufenbeziehung $\sqsubset$ zwischen den (elementaren) Objekten und Mengen in bezug auf einen vorgegebenen Urbereich $\boldsymbol{U}$ und eine vorgegebene leere Menge $\Phi$ mit $\Phi \notin \boldsymbol{U}$. Die Ausdrucksmittel sind die in § 2 bereitgestellten Ausdrucksmittel (Grundzeichen) der Mengenlehre. Im Sinne von § 2 sind auch Aussagen, Aussageformen, Ausdrücke, Kennzeichnungen, Kennzeichnungsformen und Terme der Mengenlehre zu verstehen. Die Gesamtheit der in diesem § 4 im folgenden angeführten *elementaren Axiome der Mengenlehre* (die Axiome I bis V) heißt das *elementare Axiomensystem der Mengenlehre.*

Von jetzt an seien die kleinen und großen lateinischen Buchstaben

$$a, b, c, \ldots, x, y, z; \qquad A, B, C, \ldots, X, Y, Z$$

und alle daraus durch Anfügen von (aus dem Zusammenhang der Betrachtungen jeweils ersichtlichen) Indizes entstehenden Zeichen wie z. B.

$$a_0, a_3, c_{0012}, k', \bar{z}, p_4^*, {}^{**}y, B_2^1, L^+, E''', X^*, \overline{\overline{\overline{Y}}},$$

*Variable für Objekte*. Mengen werden vorwiegend mit großen Buchstaben bezeichnet, ihre Elemente vorwiegend mit kleinen.

**2. Die Stufenaxiome.**

Definition 1. Ein Objekt $a$ ist *stufengleich* mit einem Objekt $b$, in Zeichen: $a \sqsubset\!\!\sqsupset b$ (gelesen: *a stufengleich b*), falls $a \sqsubset b \wedge b \sqsubset a$ gilt; $a$ ist *stufenkleiner* als $b$ bzw. $b$ ist *stufengrößer* als $a$, in Zeichen: $a \sqsubset b$ (gelesen: *a stufenkleiner b*), falls $a \sqsubseteq b \wedge a \not\sqsubset\!\!\sqsupset b$ gilt. ∎

Der Objektbegriff tritt, wie eben in Definition 1, in Definitionen höchstens zur Illustration auf und ist natürlich vollkommen entbehrlich, da die zugrunde gelegten Variablen Variable für Objekte sind. Wie aus Definition 1 resultieren aus allen Definitionen von Ausdrücken jeweils zugehörige Äquivalenzen zwischen Definiendum und Definiens (vgl. die Zusammenfassung der Begriffe in Abschnitt 7).

### Axiome I: Stufenaxiome

1. $\forall a \forall b \forall c\,(a \sqsubseteq b \wedge b \sqsubseteq c \rightarrow a \sqsubseteq c)$,
2. $\forall a \forall b\,(a \sqsubseteq b \vee b \sqsubseteq a)$,
3. $\forall A\big(\exists x\, x \in A \rightarrow \exists x\,(x \in A \wedge \forall y\,(y \in A \rightarrow x \sqsubseteq y))\big)$,
4. $\forall a \forall A\,(a \in A \rightarrow a \sqsubset A)$,
5. $\forall A \forall B\,(\exists x\, x \sqsubset B \wedge \forall x\,(x \in A \rightarrow x \sqsubset B) \rightarrow A \sqsubseteq B)$.

Diese Axiome entnehmen wir den in Abschnitt 3 von § 1 entwickelten anschaulichen Vorstellungen über die Stufenbeziehung: 1. und 2. sind sofort evident; 3. besagt, daß es in jeder nicht leeren Menge $A$ ein stufenkleinstes Element $x$ gibt; 4. besagt, daß sämtliche Elemente einer Menge $A$ stufenkleiner als $A$ sind; 5. besagt, daß die Stufe einer jeden Menge $A$ die kleinste Mengenstufe ist, welche größer als alle Stufen der Elemente von $A$ ist. Der Zusatz $\exists x\; x \sqsubset B$ in 5. ist deshalb erforderlich, da sonst für jedes Urelement $B$ und die leere Menge $A$ aus 5. $A \sqsubseteq B$ folgen würde; es hat aber die leere Menge eine höhere Stufe als die Urelemente.

Die Axiome I 1., 2. führen unmittelbar zu dem

S a t z 1. *Für beliebige Objekte $a$, $b$, $c$ gilt:*

$$a \sqsubseteq b \leftrightarrow a \sqsubset b \vee a \sqsubset\!\!\sqsupset b, \qquad a \sqsubset b \leftrightarrow a \sqsubseteq b \wedge a \not\sqsubset\!\!\sqsupset b,$$

$$a \sqsubset\!\!\sqsupset a \qquad (\textit{Reflexivität}),$$
$$a \sqsubset\!\!\sqsupset b \rightarrow b \sqsubset\!\!\sqsupset a \qquad (\textit{Symmetrie}),$$
$$a \sqsubset\!\!\sqsupset b \wedge b \sqsubset\!\!\sqsupset c \rightarrow a \sqsubset\!\!\sqsupset c \qquad (\textit{Transitivität}),$$

$$a \sqsubseteq a, \qquad a \not\sqsubset a,$$
$$a \sqsubseteq b \wedge b \sqsubseteq c \rightarrow a \sqsubseteq c, \qquad a \sqsubset b \wedge b \sqsubset c \rightarrow a \sqsubset c,$$
$$a \sqsubseteq b \wedge b \sqsubseteq a \rightarrow a \sqsubset\!\!\sqsupset b, \qquad a \sqsubset b \rightarrow b \not\sqsubset a,$$
$$a \sqsubseteq b \vee b \sqsubseteq a, \qquad a \sqsubset b \vee a \sqsubset\!\!\sqsupset b \vee b \sqsubset a,$$

$$a \sqsubset b \wedge b \mathrel{\square} c \rightarrow a \sqsubset c,$$
$$a \mathrel{\square} b \wedge b \sqsubset c \rightarrow a \sqsubset c,$$
$$a \mathrel{\ulcorner} b \wedge b \mathrel{\square} c \rightarrow a \mathrel{\ulcorner} c,$$
$$a \mathrel{\square} b \wedge b \mathrel{\ulcorner} c \rightarrow a \mathrel{\ulcorner} c,$$
$$a \mathrel{\ulcorner} b \wedge b \sqsubset c \rightarrow a \mathrel{\ulcorner} c,$$
$$a \sqsubset b \wedge b \mathrel{\ulcorner} c \rightarrow a \mathrel{\ulcorner} c,$$

$$a \mathrel{\ulcorner} b \leftrightarrow a \sqsubset b \wedge b \not\sqsubset a, \qquad a \mathrel{\square} b \leftrightarrow a \sqsubset b \wedge b \sqsubset a,$$
$$a \mathrel{\ulcorner} b \leftrightarrow a \not\mathrel{\square} b \wedge b \not\mathrel{\ulcorner} a, \qquad a \mathrel{\square} b \leftrightarrow a \not\mathrel{\ulcorner} b \wedge b \not\mathrel{\ulcorner} a,$$
$$a \sqsubset b \leftrightarrow b \not\mathrel{\ulcorner} a.$$

Beweis. $a, b, c$ seien beliebig fest ausgewählte Objekte. Aus Definition 1 folgt

(1) $$a \mathrel{\square} b \leftrightarrow a \sqsubset b \wedge b \sqsubset a$$

und ebenso

(2) $$a \mathrel{\ulcorner} b \leftrightarrow a \sqsubset b \wedge a \not\mathrel{\square} b.$$

Über (2) folgt $a \mathrel{\square} b$ im Falle $a \sqsubset b \wedge a \not\mathrel{\ulcorner} b$, also

$$a \sqsubset b \rightarrow a \mathrel{\ulcorner} b \vee a \mathrel{\square} b;$$

umgekehrt folgt über (2), (1) $a \sqsubset b$ sowohl aus $a \mathrel{\ulcorner} b$ als auch aus $a \mathrel{\square} b$, also

$$a \mathrel{\ulcorner} b \vee a \mathrel{\square} b \rightarrow a \sqsubset b.$$

Damit gilt insgesamt

(3) $$a \sqsubset b \leftrightarrow a \mathrel{\ulcorner} b \vee a \mathrel{\square} b.$$

Aus Axiom I 2. folgt $a \sqsubset a \vee a \sqsubset a$, also $a \sqsubset a$. Damit ergeben (1) und die Axiome I 1., 2.:

(4) $$a \mathrel{\square} a,$$

(5) $$a \mathrel{\square} b \rightarrow b \mathrel{\square} a,$$

(6) $$a \mathrel{\sqsubset\!\sqsupset} b \wedge b \mathrel{\sqsubset\!\sqsupset} c \to a \mathrel{\sqsubset\!\sqsupset} c,$$

(7) $$a \sqsubset a,$$

(8) $$a \sqsubset b \wedge b \sqsubset c \to a \sqsubset c,$$

(9) $$a \sqsubset b \wedge b \sqsubset a \to a \mathrel{\sqsubset\!\sqsupset} b,$$

(10) $$a \sqsubset b \vee b \sqsubset a.$$

Aus (2), (4) folgt

(11) $$a \mathrel{\not\ulcorner} a.$$

Unter der Voraussetzung $a \mathrel{\ulcorner} b \mathrel{\ulcorner} c$ gilt nach (2) $a \sqsubset b \sqsubset c$ und $b \mathrel{\not\sqsubset\!\sqsupset} c$, also nach (8) $a \sqsubset c$ und nach (1) $c \not\sqsubset b$; wäre $a \mathrel{\not\ulcorner} c$, so nach (2) $a \mathrel{\sqsubset\!\sqsupset} c$, also mit (1) $c \sqsubset a \sqsubset b$, also nach (8) $c \sqsubset b$ im Widerspruch zu $c \not\sqsubset b$; damit gilt

(12) $$a \mathrel{\ulcorner} b \wedge b \mathrel{\ulcorner} c \to a \mathrel{\ulcorner} c.$$

Wäre $a \mathrel{\ulcorner} b \wedge b \mathrel{\ulcorner} a$, so nach (12) $a \mathrel{\ulcorner} a$ im Widerspruch zu (11); also gilt

(13) $$a \mathrel{\ulcorner} b \to b \mathrel{\not\ulcorner} a.$$

Aus (10), (3), (5) folgt

(14) $$a \mathrel{\ulcorner} b \vee a \mathrel{\sqsubset\!\sqsupset} b \vee b \mathrel{\ulcorner} a.$$

Aus (1), (8) folgt

(15) $$a \sqsubset b \wedge b \mathrel{\sqsubset\!\sqsupset} c \to a \sqsubset c,$$

(16) $$a \mathrel{\sqsubset\!\sqsupset} b \wedge b \sqsubset c \to a \sqsubset c.$$

Unter der Voraussetzung $a \mathrel{\ulcorner} b \mathrel{\sqsubset\!\sqsupset} c$ gilt nach (2), (1) $a \sqsubset b \sqsubset c$ und $a \mathrel{\not\sqsubset\!\sqsupset} b$, $b \mathrel{\sqsubset\!\sqsupset} c$, also nach (8) $a \sqsubset c$ und $a \mathrel{\not\sqsubset\!\sqsupset} b \mathrel{\sqsubset\!\sqsupset} c$; wäre $a \mathrel{\sqsubset\!\sqsupset} c$, so nach (5), (6) auch $a \mathrel{\sqsubset\!\sqsupset} b$ im Widerspruch zu $a \mathrel{\not\sqsubset\!\sqsupset} b$; damit gilt $a \sqsubset c \wedge a \mathrel{\not\sqsubset\!\sqsupset} c$, also nach (2) $a \mathrel{\ulcorner} c$; wir haben somit

(17) $$a \mathrel{\ulcorner} b \wedge b \mathrel{\sqsubset\!\sqsupset} c \to a \mathrel{\ulcorner} c.$$

Unter der Voraussetzung $a \Box b \ulcorner c$ gilt nach (1), (2) $a \sqsubset b \sqsubset c$ und $b \not\sqsubset c$, $a \Box b$, also nach (8) $a \sqsubset c$ und $a \Box b \not\sqsubset c$; wäre $a \Box c$, so nach (5), (6) auch $b \Box c$ im Widerspruch zu $b \not\sqsubset c$; damit gilt $a \sqsubset c \wedge a \not\sqsubset c$, also nach (2) $a \ulcorner c$; wir haben somit

$$(18) \qquad a \Box b \wedge b \ulcorner c \to a \ulcorner c .$$

Aus (3), (12), (17), (18) folgt

$$(19) \qquad a \ulcorner b \wedge b \sqsubset c \to a \ulcorner c ,$$

$$(20) \qquad a \sqsubset b \wedge b \ulcorner c \to a \ulcorner c .$$

Aus (1) folgt

$$a \sqsubset b \wedge a \not\sqsubset b \leftrightarrow a \sqsubset b \wedge b \not\sqsubset a ;$$

damit folgt dann über (2)

$$(21) \qquad a \ulcorner b \leftrightarrow a \sqsubset b \wedge b \not\sqsubset a .$$

Aus $a \ulcorner b$ folgt nach (2) $a \not\sqsubset b$ und nach (13) $b \not\ulcorner a$; damit gilt

$$a \ulcorner b \to a \not\sqsubset b \wedge b \not\ulcorner a ;$$

aus (14) folgt auch die Umkehrung

$$a \not\sqsubset b \wedge b \not\ulcorner a \to a \ulcorner b ;$$

also gilt insgesamt

$$(22) \qquad a \ulcorner b \leftrightarrow a \not\sqsubset b \wedge b \not\ulcorner a .$$

Aus $a \Box b$ folgt nach (2), (5) $a \not\ulcorner b$ und $b \not\ulcorner a$; damit gilt

$$a \Box b \to a \not\ulcorner b \wedge b \not\ulcorner a ;$$

aus (14) folgt auch die Umkehrung

$$a \not\ulcorner b \wedge b \not\ulcorner a \to a \Box b ;$$

also gilt insgesamt

(23) $$a \mathrel{\sqsubset\!\sqsupset} b \leftrightarrow a \mathrel{\ulcorner\!\!\dagger} b \wedge b \mathrel{\ulcorner\!\!\dagger} a.$$

Aus $a \sqsubset b$ folgt nach (2), (9), (5) $b \mathrel{\ulcorner\!\!\dagger} a$; damit gilt

$$a \sqsubset b \rightarrow b \mathrel{\ulcorner\!\!\dagger} a;$$

aus (14), (3) folgt auch die Umkehrung

$$b \mathrel{\ulcorner\!\!\dagger} a \rightarrow a \sqsubset b;$$

also gilt insgesamt

(24) $$a \sqsubset b \leftrightarrow b \mathrel{\ulcorner\!\!\dagger} a.$$

Es gelten damit (1) — (24) für unsere fest ausgewählten Objekte $a, b, c$. Da die Auswahl der $a, b, c$ beliebig sein durfte, gelten also (1) — (24) für alle $a, b, c$, womit Satz 1 bewiesen ist. ∎
Der Objektbegriff tritt, wie eben in der Formulierung von Satz 1, in Sätzen höchstens zur Illustration auf und ist natürlich vollkommen entbehrlich, da die zugrunde gelegten Variablen Variable für Objekte sind.

### 3. Das Extensionalitätsaxiom.

Definition 2. Ein Objekt $a$ ist ein *Urelement*, falls $\exists X (a \mathrel{\ulcorner\!\!-} X \wedge \neg \exists x\, x \in X)$ gilt; $a$ ist eine *Menge*, falls $a$ kein Urelement ist. ∎
In dieser Definition werden die in § 1 im anschaulichen Sinne verwendeten entsprechenden Begriffe als mathematische Begriffe eingeführt. Die Festlegung der Urelemente $a$ geschieht dabei über die Vorstellung, daß die leere Menge $X$ die auf die Stufe der Urelemente nächstfolgende Stufe besitzt.

Satz 2. *Für beliebige Objekte a gilt:*

$$a \text{ Urelement} \vee a \text{ Menge}, \quad a \text{ Urelement} \leftrightarrow \neg\, a \text{ Menge}.$$

Beweis. Die Behauptungen folgen unmittelbar aus Definition 2. ∎

Wird, wie eben Satz 2, ein Satz lediglich mit der Bemerkung „bewiesen“, daß die aufgestellten Behauptungen unmittelbar folgen, so bedeutet dies, daß die Beweise der betreffenden Behauptungen nicht schwierig sind und dem Leser überlassen werden können.

Die in Abschnitt 1 von § 1 ausgesprochene Extensionalität des Mengenbegriffes führt nun zu dem

**Axiom II: Extensionalitätsaxiom**

$$\forall A \forall B\,(A\ \mathit{Menge} \wedge B\ \mathit{Menge} \wedge \forall x(x \in A \leftrightarrow x \in B) \rightarrow A = B).$$

**4. Die Mengenbildungsaxiome.** Nach der in Abschnitt 3 von § 1 entwickelten Anschauung über den Stufenaufbau der Objekte existieren für jedes Objekt $a$ alle möglichen Mengen von Objekten $x$ mit $x \sqsubset a$, also speziell alle solchen Mengen von Elementen $x \sqsubset a$, welche sich durch einen mengentheoretischen Ausdruck mit den Ausdrucksmitteln der Mengenlehre beschreiben, charakterisieren lassen. Dies ergibt die

**Axiome III: Mengenbildungsaxiome (Komprehensionsaxiome)**

$$(\forall)\, \forall a\, \exists A\,\big(A\ \mathit{Menge} \wedge \forall x(x \in A \leftrightarrow x \sqsubset a \wedge \mathbf{H}(x))\big);$$

dabei sei $\mathbf{H}(x)$ ein (zum Zwecke der eindeutigen Interpretierbarkeit des Formulierten eventuell durch Klammern begrenzter) Ausdruck der Mengenlehre, in dem die Variable $x$ frei vorkommt, die Variable $a$ nicht gebunden vorkommt und die Variable $A$ nicht vorkommt (analog bei Verwendung anderer Objektvariabler statt $x, a, A$).

Der Ausdruck $\mathbf{H}(x)$ ist inhaltlich (bei Festhalten der von $x$ verschiedenen freien Variablen von $\mathbf{H}(x)$) eine mit den Ausdrucksmitteln der Mengenlehre formulierte Beschreibung einer Eigenschaft für Objekte $x$, kurz: eine mengentheoretische Eigenschaftsbeschreibung. Die Variable $A$ darf in $\mathbf{H}(x)$ deshalb nicht auftreten, da die

Menge $A$ durch den Ausdruck $\mathbf{H}(x)$ definiert werden soll und eine Menge natürlich nicht mit Hilfe ihrer selbst definiert werden kann. Die Axiome des Axiomenschemas III — jeder zugelassene Ausdruck $\mathbf{H}(x)$ ergibt ein Axiom — heißen auch Komprehensionsaxiome, da sie die Möglichkeit der Zusammenfassung von Elementen zu Mengen postulieren. Auf Grund von Axiom II ist jede Menge $A$, deren Existenz mit einem der Mengenbildungsaxiome III unter Verwendung eines zugelassenen Ausdruckes $\mathbf{H}(x)$ nachgewiesen wurde, sogleich (bei Festhalten der in dem Ausdruck $x \sqsubset a \wedge \mathbf{H}(x)$ von $x$ verschiedenen freien Variablen) *diejenige Menge* $A$, für deren Elemente gilt: $x \sqsubset a \wedge \mathbf{H}(x)$; denn nach Axiom II gilt

$$(\forall)\, \forall a\, \exists!\, A\, \big(A \textit{ Menge} \wedge \forall x (x \in A \leftrightarrow x \sqsubset a \wedge \mathbf{H}(x))\big),$$

was mit den Axiomen III insgesamt ergibt:

$$(\forall)\, \forall a\, \exists!!\, A\, \big(A \textit{ Menge} \wedge \forall x (x \in A \leftrightarrow x \sqsubset a \wedge \mathbf{H}(x))\big).$$

Definitionen 3.

$\{x \mid \mathbf{H}(x)\}$ (gelesen: *Menge aller* $x$ *mit* $\mathbf{H}(x)$)

sei $\iota \mathbf{A}\, \big(\mathbf{A} \textit{ Menge} \wedge \forall x (x \in \mathbf{A} \leftrightarrow \mathbf{H}(x))\big)$;

dabei sei $\mathbf{H}(x)$ ein Ausdruck der Mengenlehre, in dem die Variable $x$ frei vorkommt, und $\mathbf{A}$ sei die erste der Variablen $A, A', A'', A''', \ldots,$ welche nicht in $\mathbf{H}(x)$ vorkommt (analog bei Verwendung anderer Objektvariabler statt $x$). ∎

Die Definitionen 3 bilden ein Definitionsschema, welches für jeden zugelassenen Ausdruck $\mathbf{H}(x)$ eine mengentheoretische Definition liefert. Die Axiome III ergeben bei vorgegebenem Objekt $a$ für jeden mengentheoretischen Ausdruck $\mathbf{H}(x)$, in dem die Variable $x$ frei und die Variable $a$ nicht gebunden vorkommt, die Existenz der Menge

$$\{x \mid x \sqsubset a \wedge \mathbf{H}(x)\}.$$

Gilt speziell $x \in a$, so ist nach Axiom I 4. $x \sqsubset a$, also erst recht $x \sqsubseteq a$, und man erhält die

**Sätze 3** (Aussonderungsprinzip).

$$(\forall)\ \forall M\ \exists A\,\bigl(A\ \mathit{Menge} \wedge \forall x(x \in A \leftrightarrow x \in M \wedge \mathbf{H}(x))\bigr);$$

dabei sei $\mathbf{H}(x)$ ein Ausdruck der Mengenlehre, in dem die Variable $x$ frei vorkommt, die Variable $M$ nicht gebunden vorkommt und die Variable $A$ nicht vorkommt.

Beweise. Für jeden zugelassenen Ausdruck $\mathbf{H}(x)$ gilt nach den Axiomen III

$$(\forall)\ \forall M\ \exists A\,\bigl(A\ \mathit{Menge} \wedge \forall x(x \in A \leftrightarrow x \sqsubseteq M \wedge \mathbf{H}^*(x))\bigr)\ (+)$$

für den Ausdruck $(x \in M \wedge \mathbf{H}(x))$ als $\mathbf{H}^*(x)$. Nach Axiom I 4. gilt für beliebige $x, M$:

$$x \sqsubseteq M \wedge x \in M \leftrightarrow x \in M.$$

Daraus folgt:

$$(\forall)\ (x \sqsubseteq M \wedge x \in M \wedge \mathbf{H}(x) \leftrightarrow x \in M \wedge \mathbf{H}(x)),$$

$$(\forall)\ (x \sqsubseteq M \wedge \mathbf{H}^*(x) \leftrightarrow x \in M \wedge \mathbf{H}(x)),$$

also mit (+):

$$(\forall)\ \forall M\ \exists A\,\bigl(A\ \mathit{Menge} \wedge \forall x(x \in A \leftrightarrow x \in M \wedge \mathbf{H}(x))\bigr).\ \blacksquare$$

Die Sätze 3 bilden ein Satzschema, welches für jeden zugelassenen Ausdruck $\mathbf{H}(x)$ einen mengentheoretischen Satz liefert. Ebenso verhält es sich mit den geführten Beweisen. Mit Axiom II ergeben die Sätze 3 wieder

$$(\forall)\ \forall M\ \exists!!A\,\bigl(A\ \mathit{Menge} \wedge \forall x(x \in A \leftrightarrow x \in M \wedge \mathbf{H}(x))\bigr),$$

und man definiert:

**Definitionen 4.**

$\{x \in M \mid \mathbf{H}(x)\}$ (gelesen: *Menge aller* $x \in M$ *mit* $\mathbf{H}(x)$) sei $\{x \mid x \in M \wedge \mathbf{H}(x)\}$;

dabei sei $\mathbf{H}(x)$ ein Ausdruck der Mengenlehre, in dem die Variable $x$ frei vorkommt und die (von $x$ verschiedene) Variable $M$ nicht gebunden vorkommt. ∎
Die Sätze 3 liefern bei vorgegebenem Objekt $M$ (also erst recht bei vorgegebener Menge $M$) für jeden mengentheoretischen Ausdruck $\mathbf{H}(x)$, in dem die Variable $x$ frei und die Variable $M$ nicht gebunden vorkommt, die Existenz der Menge

$$\{x \in M \mid \mathbf{H}(x)\}.$$

Das Aussonderungsprinzip ist damit eine besonders wichtige Folgerung aus den Mengenbildungsaxiomen: Für jede bereits bekannte Menge $M$ und jede mengentheoretische Eigenschaftsbeschreibung $\mathbf{H}(x)$ existiert die Menge $\{x \in M \mid \mathbf{H}(x)\}$ aller derjenigen Elemente $x$ von $M$, welche die Eigenschaft $\mathbf{H}(x)$ besitzen; man kann auf diese Weise mittels vorgegebener mengentheoretischer Eigenschaftsbeschreibungen $\mathbf{H}(x)$ ganz beliebig Elemente $x \in M$ zu neuen Mengen zusammenfassen, ganz beliebig neue Mengen aus $M$ aussondern.

## 5. Das Unendlichkeitsaxiom.

Definition 5. Eine Menge $G$ heißt ein *Grenzbereich*, falls gilt:

$$\exists x\, x \in G \wedge \forall x \exists y (x \in G \rightarrow y \in G \wedge x \sqsubset y). \; ∎$$

**Axiom IV: Unendlichkeitsaxiom**

$$\exists a\, a = a \wedge \forall a \exists G\, (G \textit{ Grenzbereich} \wedge a \in G).$$

Die Forderung $\exists a\, a = a$ besagt (als zulässige mengentheoretische Aussage formuliert), daß es mindestens ein Objekt gibt. Damit sind alle prädikatenlogischen Schlüsse (vgl. § 3, Abschnitt 3) uneingeschränkt in unserer Theorie verwendbar. Nach der in Abschnitt 3 von § 1 entwickelten Anschauung über den Stufenaufbau der Objekte und mit der dortigen Terminologie sind die Mengen der Stufen $\omega$, $(\omega 2)$, $(\omega 3)$, ... die Grenzbereiche, und jedes Objekt $a$ ist Element etwa des aus den Elementen

$$a, \{a\}, \{\{a\}\}, \{\{\{a\}\}\}, \ldots$$

destehenden Grenzbereiches $G$. Jeder Grenzbereich besitzt anschaulich unendlich viele Elemente. Über die Existenz mindestens eines Objektes folgt die Existenz der leeren Menge und der Menge aller Urelemente:

Satz 4.

a) $\exists !! A \; (A \; \mathit{Menge} \wedge \neg \exists x \; x \in A)$,

b) $\exists A \; A = \{x \mid x \; \mathit{Urelement}\}$.

Beweis. a) Ist $\mathbf{H}(x)$ der Ausdruck $x \neq x$, so gilt nach den Axiomen III

$$\forall a \exists A \; (A \; \mathit{Menge} \wedge \forall x (x \in A \leftrightarrow x \sqsubset a \wedge x \neq x)).$$

Da für beliebige $a, x$ wegen stets $x = x$ gilt:

$$x \sqsubset a \wedge x \neq x \leftrightarrow x \neq x,$$

so gilt also

$$\forall a \exists A \; (A \; \mathit{Menge} \wedge \forall x (x \in A \leftrightarrow x \neq x)).$$

Da es ein $a$ gibt, existiert somit eine Menge $A$ mit

$$\forall x (x \in A \leftrightarrow x \neq x),$$

also wegen stets $x = x$ eine Menge $A$ mit $\neg \exists x \; x \in A$. Sind $A, B$ Mengen, welche keine Elemente enthalten, so gilt

$$\forall x (x \in A \leftrightarrow x \in B),$$

woraus mit Axiom II $A = B$ folgt. Damit existiert auch nur höchstens eine Menge $A$ mit $\neg \exists x \; x \in A$. Insgesamt gilt also

$$\exists !! A \; (A \; \mathit{Menge} \wedge \neg \exists x \; x \in A).$$

b) Ist $x$ ein Urelement mit nach Definition 2 $x \mathrel{\ulcorner\!\!-} X \wedge \neg \exists y\, y \in X$ für ein $X$, so ist $X$ eine Menge; denn wäre $X$ ein Urelement, so gäbe es ein $Y$ mit $X \mathrel{\ulcorner\!\!-} Y \wedge \neg \exists y\, y \in Y$, woraus insgesamt

$$x \mathrel{\ulcorner\!\!-} X \wedge \forall y (y \in Y \rightarrow y \mathrel{\ulcorner\!\!-} X)$$

folgt, also nach Axiom I 5. $Y \sqsubset X$, also wegen $X \mathrel{\ulcorner\!\!-} Y \sqsubset X$ nach Satz 1 $X \mathrel{\ulcorner\!\!-} X$ im Widerspruch zu $X \mathrel{\ulcorner\!\!+} X$. Da es nach a) genau eine Menge $B$ gibt mit $\neg \exists y\, y \in B$, so gilt jetzt für diese:

$$\forall x\, (x \textit{ Urelement} \leftrightarrow x \mathrel{\ulcorner\!\!-} B). \quad (+)$$

Ist $\dot{\mathbf{H}}(x)$ der Ausdruck $x \mathrel{\ulcorner\!\!-} a$, so existiert nach den Axiomen III (und II) für jedes $a$ die Menge

$$\{x \mid x \sqsubset a \wedge x \mathrel{\ulcorner\!\!-} a\},$$

welche wegen

$$x \sqsubset a \wedge x \mathrel{\ulcorner\!\!-} a \leftrightarrow x \mathrel{\ulcorner\!\!-} a$$

zusammenfällt mit der Menge

$$\{x \mid x \mathrel{\ulcorner\!\!-} a\}.$$

Wählt man nun für $a$ speziell die Menge $B$ ohne Elemente, so ergibt sich mit $(+)$ die Existenz der Menge

$$\{x \mid x \mathrel{\ulcorner\!\!-} B\} = \{x \mid x \textit{ Urelement}\}.$$

Also gilt

$$\exists A\, A = \{x \mid x \textit{ Urelement}\}. \ \blacksquare$$

Definition 6. Diejenige Menge $A$ mit $\neg \exists x\, x \in A$ heißt die *leere Menge* oder *Nullmenge* und wird mit $\emptyset$ (gelesen: *leere Menge*) bezeichnet. Die Menge $\{x \mid x \textit{ Urelement}\}$ der Urelemente heißt der *Urbereich* oder *Urelementebereich* und wird mit $\boldsymbol{U}$ bezeichnet. ∎

Wie aus Definition 6 resultieren aus allen Definitionen von Termen jeweils zugehörige Identitäten zwischen Definiendum und Definiens (vgl. die Zusammenfassung der Begriffe in Abschnitt 7).

Satz 5. *Für beliebige Objekte a gilt*:

a) $\exists x\, a \in x, \quad \exists x\, a \ulcorner x,$

b) $a \in \boldsymbol{U} \leftrightarrow a \ulcorner \emptyset \leftrightarrow \forall x\, a \sqsubset x \wedge a \neq \emptyset$
$\leftrightarrow \neg \exists x\, x \in a \wedge a \neq \emptyset,$

c) $a \notin \boldsymbol{U} \leftrightarrow a\ \mathit{Menge} \leftrightarrow \emptyset \sqsubset a \leftrightarrow \exists x\, x \ulcorner a \vee a = \emptyset$
$\leftrightarrow \exists x\, x \in a \vee a = \emptyset.$

Beweis. a) Nach den Axiomen III existiert für jedes $a$ eine Menge $x$ mit $a \in x$, nämlich

$$x = \{y \mid y \sqsubset a \wedge y = a\};$$

es ist ja nach Satz 1 $a \sqsubset a$ und damit $a \sqsubset a \wedge a = a$, also $a \in x$. Aus Axiom I 4. folgt weiter $a \ulcorner x$. b) Nach (+) aus dem Beweis zu Satz 4 gilt für jedes $a$:

$$a \in \boldsymbol{U} \leftrightarrow a \ulcorner \emptyset .$$

Ist $x \ulcorner a$ für gewisse Objekte $x, a$, so ist $\emptyset \sqsubset a$ nach Axiom I 5. Damit gilt für jedes $a$:

$$a \ulcorner \emptyset \rightarrow \forall x\, a \sqsubset x \wedge a \neq \emptyset \rightarrow \neg \exists x\, x \in a \wedge a \neq \emptyset .$$

Schließlich gilt für jedes $a$:

$$\neg \exists x\, x \in a \wedge a \neq \emptyset \rightarrow a \in \boldsymbol{U},$$

da $\emptyset$ die einzige Menge ist, welche kein Element besitzt. c) folgt aus Satz 2 und durch Kontraposition von b) unter Verwendung von Satz 1. ∎

Die erste Behauptung von Satz 5 a) rechtfertigt die Bezeichnung „Element“ für „Objekt“; Satz 5 b) rechtfertigt die Bezeichnung „Urelement“. Die zweite Behauptung von Satz 5 a) drückt die *Unbeschränktheit* der Objekte in bezug auf die Stufenbeziehung aus. Mit

Definition 6 werden die in § 1 im anschaulichen Sinne verwendeten Mengen $\Phi$ und $\boldsymbol{U}$ als mathematische Begriffe eingeführt, und aus Satz 5 b) folgt $\Phi \notin \boldsymbol{U}$. Satz 5 b) und Satz 1 ergeben im Falle $\boldsymbol{U} \neq \Phi$ für beliebige $a$:

$$a \in \boldsymbol{U} \leftrightarrow \forall x\, a \sqsubset x, \qquad a \notin \boldsymbol{U} \leftrightarrow \exists x\, x \sqsubset a;$$

denn ist $u$ ein Urelement und $a$ ein Objekt mit $a \sqsubset x$ für alle $x$, so gilt $a \sqsubset u \sqsubset \Phi$, also $a \sqsubset \Phi$, womit $a$ ein Urelement ist.

**6. Das Auswahlaxiom.** Zur Formulierung des Auswahlaxioms brauchen wir zunächst einige neue Begriffe.

Definition 7. $A, B$ seien Mengen: $A$ ist eine *Teilmenge* oder eine *Untermenge* von $B$, in Zeichen: $A \subseteq B$ (gelesen: $A$ *Teilmenge* $B$), falls gilt:

$$\forall x (x \in A \rightarrow x \in B);$$

$A$ ist eine *echte Teilmenge* oder eine *echte Untermenge* von $B$, in Zeichen: $A \subset B$ (gelesen: $A$ *echte Teilmenge* $B$), falls gilt:

$$A \subseteq B \wedge A \neq B;$$

$B$ ist eine *Obermenge* von $A$, in Zeichen: $B \supseteq A$ (gelesen: $B$ *Obermenge* $A$), falls $A \subseteq B$ gilt; $B$ ist eine *echte Obermenge* von $A$, in Zeichen: $B \supset A$ (gelesen: $B$ *echte Obermenge* $A$), falls $A \subset B$ gilt; für $A \subseteq B$ sagt man auch: $A$ ist *enthalten in* $B$, $B$ *enthält* $A$, $B$ *umfaßt* $A$; für $A \subset B$ sagt man auch: $A$ ist *echt enthalten in* $B$, $B$ *enthält echt* $A$, $B$ *umfaßt echt* $A$. ∎

Mit Definition 7 sind also (vgl. § 2, Abschnitt 8) für beliebige Objekte $A, B$ die Begriffe

$$A \subseteq B, \quad A \subset B$$

definiert als:

$$A \text{ Menge} \wedge B \text{ Menge} \wedge \forall x (x \in A \rightarrow x \in B),$$
$$A \subseteq B \wedge A \neq B.$$

In derselben Weise sind alle Ausdrucksdefinitionen zu interpretieren, die sich scheinbar nur auf gewisse Objekte (im Falle der Definition 7 auf Mengen $A$, $B$) beziehen.
Die durch $\subseteq$ bzw. $\subset$ ausgedrückte Beziehung zwischen Mengen heißt die *Enthaltenseinsbeziehung* oder *Inklusion* bzw. die *echte Enthaltenseinsbeziehung* oder *echte Inklusion*. Man achte auf den unterschiedlichen Gebrauch des Begriffes „enthalten“, einmal in bezug auf die Elementbeziehung, ein andermal in bezug auf die Inklusion!

Satz 6. *Für Mengen A, B, C gilt:*

$$A = B \leftrightarrow \forall x(x \in A \leftrightarrow x \in B) \leftrightarrow A \subseteq B \wedge B \subseteq A,$$

$$A \neq B \leftrightarrow \exists x(x \in A \wedge x \notin B \vee x \in B \wedge x \notin A),$$

$$A \subseteq B \leftrightarrow A \subset B \vee A = B, \qquad A \subset B \leftrightarrow A \subseteq B \wedge A \neq B$$

$$A \subset B \leftrightarrow A \subseteq B \wedge B \not\subseteq A,$$

$$A \subset B \leftrightarrow A \subseteq B \wedge \exists x(x \in B \wedge x \notin A),$$

$$A \subseteq A \qquad (\textit{Reflexivität}),$$

$$A \subseteq B \wedge B \subseteq C \rightarrow A \subseteq C \qquad (\textit{Transitivität}),$$

$$A \subseteq B \wedge B \subseteq A \rightarrow A = B \qquad (\textit{Antisymmetrie}),$$

$$A \not\subset A \qquad (\textit{Irreflexivität}),$$

$$A \subset B \wedge B \subset C \rightarrow A \subset C \qquad (\textit{Transitivität}),$$

$$A \subset B \rightarrow B \not\subset A \qquad (\textit{Asymmetrie}),$$

$$A \subset B \wedge B \subseteq C \rightarrow A \subset C,$$

$$A \subseteq B \wedge B \subset C \rightarrow A \subset C,$$

$$\emptyset \subseteq A, \qquad \emptyset \subset A \leftrightarrow A \neq \emptyset \leftrightarrow \exists x\, x \in A.$$

Beweis. Die Behauptungen folgen unmittelbar aus den entsprechenden Definitionen und Axiom II. ∎

Der Teilmengenbegriff entspricht unmittelbar der Anschauung; denn eine Menge $A$ ist offenbar als eine Teilmenge von $B$ anzusehen genau dann, wenn jedes Element von $A$ auch zu $B$ gehört, und als echte Teilmenge von $B$ genau dann, wenn $A$ Teilmenge von $B$ ist und es noch mindestens ein Element von $B$ gibt, welches nicht in $A$ gelegen ist.

Definition 8. Eine Menge $M$ ist ein *Mengensystem*, falls gilt:

$$\forall X (X \in M \rightarrow X \textit{ Menge}). \blacksquare$$

Mengensysteme sind also Mengen von Mengen.

Satz 7. *Für Mengen $A, B$ und Mengensysteme $M$ existieren die Mengen*

$$\{x \mid x \in A \vee x \in B\}, \qquad \{x \mid x \in A \wedge x \in B\},$$

$$\{x \mid \exists X (X \in M \wedge x \in X)\};$$

*im Falle $M \neq \Phi$ existiert auch die Menge*

$$\{x \mid \forall X (X \in M \rightarrow x \in X)\}.$$

Beweis. $A, B$ seien vorgegebene Mengen. Nach Axiom I 2. gilt $A \sqsubset B \vee B \sqsubset A$. Damit existiert ein $a$ mit $A \sqsubset a$ und $B \sqsubset a$ (nämlich $a = B$ oder $a = A$), und für jedes $x$ gilt über Axiom I 4. und Satz 1:

$$x \in A \vee x \in B \,.\!\leftrightarrow\!.\, x \sqsubset a \,.\!\wedge\!.\, x \in A \vee x \in B,$$

$$x \in A \wedge x \in B \,.\!\leftrightarrow\!.\, x \sqsubset a \,.\!\wedge\!.\, x \in A \wedge x \in B.$$

Nach den Axiomen III existieren somit die Mengen

$$\{x \mid x \sqsubset a \,.\!\wedge\!.\, x \in A \vee x \in B\} = \{x \mid x \in A \vee x \in B\},$$

$$\{x \mid x \sqsubset a \,.\!\wedge\!.\, x \in A \wedge x \in B\} = \{x \mid x \in A \wedge x \in B\}.$$

Ist $M$ ein Mengensystem, so gilt für jedes $x$ mit $x \in X$ für ein $X \in M$ über Axiom I 4. und Satz 1: $x \sqsubset M$, also auch:

$$\exists X(X \in M \wedge x \in X) \leftrightarrow x \sqsubset M \wedge \exists X(X \in M \wedge x \in X)$$

und im Falle $M \neq \Phi$:

$$\forall X(X \in M \rightarrow x \in X) \leftrightarrow x \sqsubset M \wedge \forall X(X \in M \rightarrow x \in X).$$

Nach den Axiomen III existiert somit die Menge

$$\{x \mid x \sqsubset M \wedge \exists X(X \in M \wedge x \in X)\}$$
$$= \{x \mid \exists X(X \in M \wedge x \in X)\}$$

und im Falle $M \neq \Phi$ auch die Menge

$$\{x \mid x \sqsubset M \wedge \forall X(X \in M \rightarrow x \in X)\}$$
$$= \{x \mid \forall X(X \in M \rightarrow x \in X)\}. \blacksquare$$

Wie man dem Beweis entnimmt, würden die in Satz 7 angegebenen vier Mengen auch für beliebige Objekte $A, B, M$ existieren, sofern man bei der vierten Menge $\exists X\, X \in M$ statt $M \neq \Phi$ fordert. Da diese Mengen jedoch nur für Mengen $A, B$ und Mengensysteme $M$ gebraucht werden, haben wir Satz 7 gleich mit diesen Voraussetzungen formuliert. Ähnliche Bemerkungen treffen auf viele Sätze zu.

Definition 9. Sind $A, B$ Mengen, so heißt die Menge $\{x \mid x \in A \vee x \in B\}$ die *Vereinigung* von $A, B$, bezeichnet mit: $A \cup B$ (gelesen: *A vereinigt B*); die Menge $\{x \mid x \in A \wedge x \in B\}$ heißt der *Durchschnitt* von $A, B$, bezeichnet mit: $A \cap B$ (gelesen: *A geschnitten B*). Ist $M$ ein Mengensystem, so heißt die Menge $\{x \mid \exists X(X \in M \wedge x \in X)\}$ die *Vereinigung* von $M$, bezeichnet mit: $\bigcup M$ (gelesen: *Vereinigung M*); ist noch $M \neq \Phi$, so heißt die Menge $\{x \mid \forall X(X \in M \rightarrow x \in X)\}$ der *Durchschnitt* von $M$, bezeichnet mit: $\bigcap M$ (gelesen: *Durchschnitt M*). $\blacksquare$

Mit Definition 9 sind also (vgl. § 2, Abschnitt 8) für beliebige Objekte $A$, $B$, $M$ die Begriffe

$$A \cup B, \quad A \cap B, \quad \bigcup M, \quad \bigcap M$$

definiert als:

$\iota\, X(A \textit{ Menge} \wedge B \textit{ Menge} \wedge X = \{x \mid x \in A \vee x \in B\})$,
$\iota\, X(A \textit{ Menge} \wedge B \textit{ Menge} \wedge X = \{x \mid x \in A \wedge x \in B\})$,
$\iota\, Y(M \textit{ Mengensystem} \wedge Y = \{x \mid \exists X(X \in M \wedge x \in X)\})$,
$\iota\, Y(M \textit{ Mengensystem} \wedge M \neq \emptyset \wedge Y = \{x \mid \forall X(X \in M \rightarrow x \in X)\})$.

In derselben Weise sind alle Termdefinitionen zu interpretieren, die sich scheinbar nur auf gewisse Objekte (im Falle der Definition 9 auf Mengen $A, B$, Mengensysteme $M$, Mengensysteme $M \neq \emptyset$) beziehen.
Die Bezeichnungen $\cup$, $\cap$ (ein abgerundetes $\vee$, $\wedge$) sollen an den Zusammenhang zwischen Vereinigung, Durchschnitt und den logischen Begriffen $\vee$, $\wedge$ erinnern. Die in Definition 9 eingeführten Operationen für Mengen und Mengensysteme sind wegen des engen Zusammenhanges mit den logischen Begriffen $\vee$, $\wedge$, $\exists$, $\forall$ für die Mengenlehre von grundlegender Bedeutung und werden laufend verwendet. Die Vereinigung $A \cup B$ ist die Menge aller Objekte, die in wenigstens einer der Mengen $A, B$ gelegen sind; der Durchschnitt $A \cap B$ ist die Menge aller Objekte, die gleichzeitig in beiden Mengen $A, B$ gelegen sind. Die Vereinigung $\bigcup M$ ist die Menge aller Objekte, die in wenigstens einer der Mengen $X$ von $M$ gelegen sind; der Durchschnitt $\bigcap M$ ist die Menge aller Objekte, die gleichzeitig in allen Mengen $X$ von $M$ gelegen sind. Für die Existenz der Menge $D = \bigcap M$ ist $M \neq \emptyset$ erforderlich, da $D$ im Falle $M = \emptyset$ aus allen Objekten bestehen müßte, also speziell $D \in D$, also $D \sqsubset D$ nach Axiom I 4. im Widerspruch zu Satz 1.

Definition 10. Mengen $A, B$ sind *disjunkt* (oder *fremd, elementefremd*), falls $A \cap B = \Phi$ ist; ein Mengensystem $M$ ist *disjunkt* oder *seine Mengen sind paarweise disjunkt* (*paarweise fremd, paarweise elementefremd*), falls gilt:

$$\forall X \forall Y (X \in M \wedge Y \in M \wedge X \neq Y \rightarrow X \cap Y = \emptyset). \blacksquare$$

Mengen $A$, $B$ sind also disjunkt, wenn sie keine gemeinsamen Elemente besitzen; ein Mengensystem $M$ ist disjunkt, wenn je zwei Mengen dieses Systems keine gemeinsamen Elemente besitzen.

Hat man ein Mengensystem M, dessen Mengen nicht leer und paarweise disjunkt sind, so gibt es anschaulich zahlreiche sogenannte Auswahlmengen $A$ von $M$, welche von jeder Menge $X$ aus $M$ jeweils genau ein ausgewähltes Element $x \in X$ enthalten und sonst weiter keine Elemente. Die Existenz solcher Auswahlen $A$ ist für zahlreiche mathematische Untersuchungen erforderlich, kann aber erfahrungsgemäß mit den bisherigen Axiomen nicht nachgewiesen werden. Wir brauchen somit noch ein Axiom, welches diese Existenz gewährleistet.

Definition 11. Eine Menge $A$ ist eine *Auswahl* oder *Auswahlmenge* des Mengensystems $M$, falls gilt:

$$A \subseteq \bigcup M \wedge \forall X (X \in M \rightarrow \exists!!x (x \in A \cap X)). \blacksquare$$

**Axiom V: Auswahlaxiom**

$\forall M \; \exists A$ (*$M$ Mengensystem* $\wedge$ *$M$ disjunkt* $\wedge$ $\emptyset \notin M$ $\rightarrow$ *$A$ Auswahl von $M$*).

Der Spezialfall $M = \emptyset$ des Auswahlaxioms läßt sich trivial beweisen; denn $A = \emptyset$ ist eine Auswahl von $M = \emptyset$. Für nicht disjunkte Mengensysteme $M$ mit $\emptyset \notin M$ braucht es keine Auswahl zu geben: Man zeigt leicht (vgl. auch im zweiten Band) für Objekte $a, b, c$ die Existenz der (aus den eingeklammerten Objekten bestehenden) Mengen $\{a\}$, $\{a, b\}$, $\{a, b, c\}$. Ist dann $a \neq b$, so ist $M = \{\{a, b\}, \{a\}, \{b\}\}$ ein Mengensystem, welches keine Auswahl $A$ besitzt.

**7. Zusammenfassung der Begriffe und Axiome.** Für Objekte $a, b$, Mengen $A, B$ und Mengensysteme $M$ gilt:

$a \sqsubset\!\!\!\sqsupset b \leftrightarrow a \sqsubset b \wedge b \sqsubset a$,

$a \ulcorner b \leftrightarrow a \sqsubset b \wedge a \not\sqsubset\!\!\!\sqsupset b$,

$a \mathit{\ Urelement} \leftrightarrow \exists X (a \ulcorner X \wedge \neg \exists x\, x \in X)$,

$a \mathit{\ Menge} \leftrightarrow \neg\, a \mathit{\ Urelement}$,

$A \mathit{\ Grenzbereich} \leftrightarrow A \neq \Phi \wedge \forall x \exists y (x \in A \rightarrow x \ulcorner y \in A)$,

$\Phi = \iota X (X \mathit{\ Menge} \wedge \neg \exists x\, x \in X)$,

$U = \{x \mid x \mathit{\ Urelement}\}$,

$A \subseteq B \leftrightarrow \forall x (x \in A \rightarrow x \in B)$,

$A \subset B \leftrightarrow A \subseteq B \wedge A \neq B$,

$A \mathit{\ Mengensystem} \leftrightarrow \forall X (X \in A \rightarrow X \mathit{\ Menge})$,

$A \cup B = \{x \mid x \in A \vee x \in B\}$,

$A \cap B = \{x \mid x \in A \wedge x \in B\}$,

$\bigcup M = \{x \mid \exists X (X \in M \wedge x \in X)\}$,

$M \neq \Phi \rightarrow \bigcap M = \{x \mid \forall X (X \in M \rightarrow x \in X)\}$,

$A, B \mathit{\ disjunkt} \leftrightarrow A \cap B = \Phi$,

$M \mathit{\ disjunkt} \leftrightarrow \forall X \forall Y (X, Y \in M \wedge X \neq Y \rightarrow X \cap Y = \Phi)$,

$A \mathit{\ Auswahl\ von\ } M \leftrightarrow A \subseteq \bigcup M \wedge \forall X (X \in M \rightarrow \exists!!\, x (x \in A \cap X))$.

Die elementaren Axiome lauten:

Axiome I: Stufenaxiome

1. $\forall a \forall b \forall c (a \sqsubset b \wedge b \sqsubset c \rightarrow a \sqsubset c)$,
2. $\forall a \forall b (a \sqsubset b \vee b \sqsubset a)$,
3. $\forall A \big(\exists x\, x \in A \rightarrow \exists x (x \in A \wedge \forall y (y \in A \rightarrow x \sqsubset y))\big)$,
4. $\forall a \forall A (a \in A \rightarrow a \ulcorner A)$,
5. $\forall A \forall B (\exists x\, x \ulcorner B \wedge \forall x (x \in A \rightarrow x \ulcorner B) \rightarrow A \sqsubset B)$;

Axiom II: Extensionalitätsaxiom

$\forall A \forall B\,(A \text{ Menge} \wedge B \text{ Menge} \wedge \forall x (x \in A \leftrightarrow x \in B)$
$\rightarrow A = B)$;

Axiome III: Mengenbildungsaxiome

$(\forall)\, \forall a\, \exists A\, \big(A \text{ Menge} \wedge \forall x (x \in A \leftrightarrow x \sqsubset a \wedge \mathbf{H}(x))\big)$;

Axiom IV: Unendlichkeitsaxiom

$\exists a\, a = a \wedge \forall a\, \exists G\, (G \text{ Grenzbereich} \wedge a \in G)$;

Axiom V: Auswahlaxiom

$\forall M\, \exists A\, (M \text{ Mengensystem} \wedge M \text{ disjunkt} \wedge \Phi \notin M$
$\rightarrow A \text{ Auswahl von } M)$.

## *§ 5. Stufenaufbau*

**1. Eigenschaften der Stufenbeziehung.** Wir wollen in diesem Paragraphen die für die Mengenlehre neben den Sätzen 1, 5 aus § 4 weiteren wichtigen Tatsachen über die Stufung der Objekte systematisch zusammenstellen.

Satz 1. *Für Objekte a, b und Mengen A, B gilt:*

a) $a \in \boldsymbol{U} \wedge b \in \boldsymbol{U} \rightarrow a \sqsupset\!\sqsubset b$,

b) $a \sqsubset b \wedge b \in \boldsymbol{U} \rightarrow a \in \boldsymbol{U}$,

$a \in \boldsymbol{U} \wedge b \notin \boldsymbol{U} \rightarrow a \sqsubset\!- b$,

c) $a \sqsubset\!- b \rightarrow b \notin \boldsymbol{U}$,

d) $a \sqsupset\!\sqsubset b \;.\!\rightarrow\!.\; a \in \boldsymbol{U} \leftrightarrow b \in \boldsymbol{U} \;.\!\wedge\!.\; a \notin \boldsymbol{U} \leftrightarrow b \notin \boldsymbol{U}$,

e) $a \in b \rightarrow a \sqsubset\!- b$,

f) $a \sqsubset b \rightarrow b \notin a$,

$a \notin a, \quad a \in b \rightarrow b \notin a$,

g) $\forall x(x \in A \to x \sqsubset\!\!- B) \to A \sqsubset B$,

$A \subseteq B \to A \sqsubset B, \quad \Phi \sqsubset\!\!\sqsupset U$,

h) $A \neq \Phi \to \exists x(x \in A \wedge \forall y(y \in A \to x \sqsubset y))$
(*Minimumbedingung*),

$A \neq \Phi \to \exists x(x \in A \wedge \neg \exists y(y \in A \wedge y \in x))$
(*Fundierung*).

Beweis. $a, b$ seien Objekte und $A, B$ Mengen. a) Sind $a, b$ Urelemente, so folgt aus Satz 5b), §4 $a \sqsubset b \sqsubset a$, also $a \sqsubset\!\!\sqsupset b$. b) Ist $a \sqsubset b \in U$, so gilt nach Satz 5b), §4 $a \sqsubset b \sqsubset\!\!- \Phi$, also auch $a \sqsubset\!\!- \Phi$ und damit $a \in U$. Gilt $a \in U$ und $b \notin U$, so muß $a \sqsubset\!\!- b$ sein, da im Falle $b \sqsubset a$ nach eben $b \in U$ wäre. c) Ist $a \sqsubset\!\!- b$ und wäre $b \in U$, so nach b) auch $a \in U$, womit $a, b$ Urelemente mit $a \sqsubset\!\!- b$ wären im Widerspruch zu a). d) folgt aus b). e) ist Axiom I 4. f) folgt aus e) und Satz 1, §4. g) Ist $A = \Phi$, so ist $A \sqsubset B$ nach Satz 5c), §4. Ist $A \neq \Phi$ und $x \sqsubset\!\!- B$ für alle $x \in A$, so gilt $A \sqsubset B$ nach Axiom I 5. Damit gilt generell $A \sqsubset B$ unter der Voraussetzung $\forall x(x \in A \to x \sqsubset\!\!- B)$. Hieraus folgt über e) $A \subseteq B \to A \sqsubset B$ und über Satz 5b), §4 $\Phi \sqsubset U \sqsubset \Phi$, also $\Phi \sqsubset\!\!\sqsupset U$. h) Die Minimumbedingung ist Axiom I 3.; die Fundierung folgt aus der Minimumbedingung. ∎

**2. Allmengen.** Nach der in Abschnitt 3 von §1 anschaulich entwickelten Stufung der Objekte wird der Gesamtbereich der Objekte approximativ vom Urbereich $U$ her ausgeschöpft durch diejenigen Mengen $A$, welche in bezug auf $\sqsubset\!\!-$ jeweils alle Objekte unterhalb einer vorgegebenen Menge $M$ enthalten. Je höher die Stufe von $M$, um so näher kommt $A$ dem Gesamtbereich der Objekte, und jedes Objekt wird von einer solchen Menge $A$ bei hinreichend hoher Stufe von $M$ erfaßt. Diese Mengen $A$ sind nur abhängig von der Stufe von $M$ und bestehen somit aus allen Objekten, deren Stufen jeweils unterhalb einer festen Mengenstufe liegen; wir nennen diese Mengen $A$ deshalb „Allmengen". Ihre Wichtigkeit beruht darauf, daß sie den über $\boldsymbol{U}$ in Stufen fortschreitenden Mengenbildungsprozeß jeweils bis zu einer bestimmten Stufe einfangen und damit genau die unserem Aufbau der Mengenlehre zugrunde liegende Vorstellung einer vom Urbereich ausgehenden schrittweisen Erweiterung des Bereiches der zulässigen Mengen widerspiegeln.

Definition 1. Eine Menge $A$ heißt eine *Allmenge*, falls gilt:

$$\exists M(M \text{ Menge} \wedge \forall x(x \in A \leftrightarrow x \sqsubset M)). \quad \blacksquare$$

Satz 2. *Für Mengen A gilt:*

a) $\forall X \exists Y\ Y = \{y \mid y \sqsubset X\}$,

$A$ *Allmenge* $\leftrightarrow \exists M(M \text{ Menge} \wedge A \doteq \{x \mid x \sqsubset M\})$,

b) $A$ *Allmenge* $\leftrightarrow \forall x(x \in A \leftrightarrow x \sqsubset A)$

$$\leftrightarrow A = \{x \mid x \sqsubset A\}.$$

Beweis. a) Für Objekte $X$, $y$ gilt

$$y \sqsubset X \leftrightarrow y \sqsubseteq X \wedge y \sqsubset X,$$

womit nach den Axiomen III die Menge

$$\{y \mid y \sqsubseteq X \wedge y \sqsubset X\} = \{y \mid y \sqsubset X\}$$

existiert. Da also für jede Menge $M$ die Menge $\{x \mid x \sqsubset M\}$ existiert, folgt die zweite Behauptung von a) über Axiom II aus Definition 1. b) Ist $A$ Allmenge, so gibt es nach Definition 1 eine Menge $M$ mit

$$\forall x(x \in A \leftrightarrow x \sqsubset M).$$

Nach Satz 1g) ist dann $A \sqsubseteq M$, und für jedes $x$ mit $x \sqsubset A$ ist $x \sqsubset M$, also $x \underset{\cdot}{\in} A$. Damit gilt über Satz 1e)

$$\forall x(x \in A \leftrightarrow x \sqsubset A).$$

Besteht umgekehrt diese letzte Eigenschaft für eine Menge $A$, so ist $A$ eine Allmenge (wähle $M = A$). Also gilt insgesamt für Mengen $A$:

$$A \ \textit{Allmenge} \leftrightarrow \forall x(x \in A \leftrightarrow x \mathrel{\ulcorner\!\!-} A).$$

Nach a) existiert für Mengen $A$ die Menge $\{x \mid x \mathrel{\ulcorner\!\!-} A\}$, womit über Axiom II auch gilt:

$$\forall x(x \in A \leftrightarrow x \mathrel{\ulcorner\!\!-} A) \leftrightarrow A = \{x \mid x \mathrel{\ulcorner\!\!-} A\}. \ \blacksquare$$

Für Mengen $M$, $N$ mit $M \mathrel{\sqsubset\!\!\sqsupset} N$ sind nach Satz 1, § 4 die zugehörigen Allmengen gleich:

$$\{x \mid x \mathrel{\ulcorner\!\!-} M\} = \{x \mid x \mathrel{\ulcorner\!\!-} N\}.$$

Für jede Menge $M$ und die Allmenge $A = \{x \mid x \mathrel{\ulcorner\!\!-} M\}$ gilt $A \mathrel{\sqsubset\!\!\sqsupset} M$; denn mit Satz 2b) ist

$$\{x \mid x \mathrel{\ulcorner\!\!-} A\} = A = \{x \mid x \mathrel{\ulcorner\!\!-} M\},$$

also

$$\forall x(x \mathrel{\ulcorner\!\!-} A \leftrightarrow x \mathrel{\ulcorner\!\!-} M),$$

woraus über Satz 1e), g) $A \sqsubseteq M \sqsubseteq A$ folgt, also $A \mathrel{\sqsubset\!\!\sqsupset} M$.

Satz 3. *Für Objekte $a$ und Allmengen $A$, $B$ gilt:*

a) $\exists X(X \ \textit{Allmenge} \wedge a \in X)$,

b) $\boldsymbol{U}$ *Allmenge*, $\quad \boldsymbol{U} \subseteq A$,

c) $A \mathrel{\sqsubset\!\!\sqsupset} B \leftrightarrow A = B \leftrightarrow A \sqsubseteq B \sqsubseteq A$,

d) $A \sqsubseteq B \leftrightarrow A \subseteq B$,

e) $A \mathrel{\ulcorner\!\!-} B \leftrightarrow A \subset B \leftrightarrow A \in B$.

Beweis. a) Für jedes Objekt $a$ existiert nach Satz 5a), § 4 und Satz 1c) eine Menge $M$ mit $a \mathrel{\ulcorner\!\!-} M$. Dann gilt $a \in X$ für die Allmenge

$$X = \{x \mid x \mathrel{\ulcorner\!\!-} M\}.$$

b) Nach Satz 5b), § 4 ist

$$U = \{x \mid x \mathrel{\ulcorner\!\!-} \Phi\}$$

und damit $U$ eine Allmenge. Ist $A$ eine Allmenge, so ist $A = \{x \mid x \mathrel{\ulcorner\!\!-} A\}$ nach Satz 2b), woraus wegen $\Phi \sqsubset A$ für jedes $x$ folgt:

$$x \in U \to x \mathrel{\ulcorner\!\!-} \Phi \sqsubset A \to x \mathrel{\ulcorner\!\!-} A \to x \in A,$$

also $U \subseteq A$. c) Für Allmengen $A, B$ folgt trivial $A \sqsubset\!\!\sqsupset B$ aus $A = B$. Ist umgekehrt $A \sqsubset\!\!\sqsupset B$, so gilt nach Satz 2b)

$$A = \{x \mid x \mathrel{\ulcorner\!\!-} A\} = \{x \mid x \mathrel{\ulcorner\!\!-} B\} = B.$$

d) Für Allmengen $A, B$ folgt nach Satz 1g) $A \sqsubset B$ aus $A \subseteq B$. Ist umgekehrt $A \sqsubset B$, so gilt nach Satz 2b)

$$A = \{x \mid x \mathrel{\ulcorner\!\!-} A\} \subseteq \{x \mid x \mathrel{\ulcorner\!\!-} B\} = B.$$

e) folgt aus c), d) und Satz 2b). ∎

Aus Satz 3b) folgt über Satz 6, § 4 $A \neq \Phi$ für jede Allmenge $A \neq U$.

Satz 4. *Für Allmengen $A, B, C$ und Mengensysteme $M$ von Allmengen gilt:*

$$A \subseteq B \vee B \subseteq A \qquad (\textit{Vergleichbarkeit}),$$

$$M \neq \Phi \to \exists X(X \in M \wedge \forall Y(Y \in M \to X \subseteq Y)) \qquad (\textit{Minimumbedingung}),$$

$$\exists X(X \textit{ Allmenge} \wedge A \subset X) \qquad (\textit{Unbeschränktheit}).$$

Beweis. Die Vergleichbarkeit folgt aus Axiom I 2. und Satz 3d). Die Minimumbedingung folgt aus den Sätzen 1h) und 3d). Die Unbeschränktheit ergibt sich so: Zur Allmenge $A$ gibt es nach Satz 3a) eine Allmenge $X$ mit $A \in X$; nach Satz 3e) ist dann $A \subset X$. ∎

Aus der Vergleichbarkeit folgt über Satz 6, § 4 für Allmengen $A, B$ auch

$$A \subset B \vee A = B \vee B \subset A,$$

und diese drei Fälle schließen sich gegenseitig aus. Aus der Minimumbedingung folgt für Mengen $M$ von Allmengen auch

$$M \neq \Phi \rightarrow \exists!!X(X \in M \wedge \forall Y(Y \in M \rightarrow X \subseteq Y));$$

denn sind $X_1, X_2$ solche Allmengen $X$, so gilt $X_1 \subseteq X_2 \subseteq X_1$, also mit Satz 6, § 4 $X_1 = X_2$. Hat man allgemein irgendein Mengensystem $M$ und gibt es ein Element $X \in M$ mit $X \subseteq Y$ für alle $Y \in M$ bzw. mit $Y \subseteq X$ für alle $Y \in M$, so gilt

$$\exists!!\, X(X \in M \wedge \forall Y(Y \in M \rightarrow X \subseteq Y))$$

bzw.

$$\exists!!\, X(X \in M \wedge \forall Y(Y \in M \rightarrow Y \subseteq X));$$

denn sind jeweils $X_1, X_2$ solche Mengen $X$, so gilt $X_1 \subseteq X_2 \subseteq X_1$, also $X_1 = X_2$, womit $X$ eindeutig bestimmt ist.

Definition 2. $M$ sei ein Mengensystem: Gibt es ein $X \in M$ mit $X \subseteq Y$ für alle $Y \in M$, so heißt die Menge

$$\iota X(X \in M \wedge \forall Y(Y \in M \rightarrow X \subseteq Y)) = \bigcap M$$

das *kleinste* (*erste*) *Element* von $M$ oder das *Minimum* von $M$, bezeichnet mit: min $M$ (gelesen: *Minimum* $M$). Gibt es ein $X \in M$ mit $Y \subseteq X$ für alle $Y \in M$, so heißt die Menge

$$\iota X(X \in M \wedge \forall Y(Y \in M \rightarrow Y \subseteq X)) = \bigcup M$$

das *größte* (*letzte*) *Element* von $M$ oder das *Maximum* von $M$, bezeichnet mit: max $M$ (gelesen: *Maximum* $M$). ∎

Die Minimumbedingung aus Satz 4 besagt dann, daß für

jede nicht leere Menge $M$ von Allmengen das erste Element min $M$ existiert. Satz 3b) ergibt für jede Menge $M$ von Allmengen mit $U \in M$: $U = \min M$.

Für einen abschließenden Überblick über die Aufeinanderfolge der Allmengen definieren wir zunächst die Potenzmengen, den Nachfolgerbegriff und die Allbereiche.

Satz 5. *Für jede Menge $A$ existiert die Menge $\{X \mid X \subseteq A\}$ aller Teilmengen von $A$.*

Beweis. Ist $A$ eine Menge, so gilt nach Satz 1g) $X \sqsubset A$ für jede Teilmenge $X \subseteq A$. Damit existiert nach den Axiomen III die Menge

$$\{X \mid X \sqsubset A \wedge X \subseteq A\} = \{X \mid X \subseteq A\}. \blacksquare$$

Definition 3. Ist $A$ eine Menge, so heißt die Menge $\{X \mid X \subseteq A\}$ der Teilmengen von $A$ die *Potenzmenge* oder die *Potenz* von $A$, bezeichnet mit: $\mathfrak{P}A$ (gelesen: *Potenz* $A$). ∎

Definition 3 ergibt für Mengen $A, B$ mit $A \subseteq B$ über Satz 6, § 4, sofort:

$$A \in \mathfrak{P}A \subseteq \mathfrak{P}B.$$

Zu jeder Allmenge $A$ existiert nach Satz 4 eine Allmenge $X$ mit $A \subset X$, und nach dem Aussonderungsprinzip (Sätze 3, § 4) existiert das Mengensystem

$$\begin{aligned} M &= \{Y \in \mathfrak{P}X \mid Y \textit{ Allmenge} \wedge A \subset Y\} \\ &= \{Y \mid Y \textit{ Allmenge} \wedge A \subset Y \subseteq X\} \neq \varnothing. \end{aligned}$$

Nach Satz 4 existiert min $M$. min $M$ ist eine Allmenge $B$ mit

$$A \subset B \wedge \forall Y (Y \textit{ Allmenge} \wedge A \subset Y \rightarrow B \subseteq Y); (+)$$

denn ist $Y$ eine Allmenge mit $A \subset Y$, so gilt nach Satz 4 $Y \subseteq X$ oder $X \subseteq Y$, also $Y \in M$ oder $Z \subseteq Y$ für alle $Z \in M$, also generell $B \subseteq Y$. Es gibt auch höchstens eine Allmenge $B$ mit (+); denn sind $B_1$, $B_2$ solche Allmengen $B$, so muß $B_1 \subseteq B_2 \subseteq B_1$ gelten, also $B_1 = B_2$. Damit gibt es genau eine Allmenge $B$ mit (+), und wir definieren:

Definition 4. Ist $A$ eine Allmenge, so heißt die Allmenge

$$\iota X\,(X \textit{ Allmenge} \wedge A \subset X \wedge \forall Y\,(Y \textit{ Allmenge} \wedge A \subset Y \rightarrow X \subseteq Y))$$

der *Nachfolger* von $A$, bezeichnet mit: $A'$ (gelesen: *Nachfolger* $A$ oder einfach: $A$ *Strich*). Eine Allmenge $A$ ist ein *Vorgänger* der Allmenge $B$, falls $A' = B$ gilt. ∎

Satz 6. *Für Allmengen* $A$, $B$ *gilt*:

a) $A' = \iota X\,(X \textit{ Allmenge} \wedge A \subset X \wedge \neg \exists Y\,(Y \textit{ Allmenge} \wedge A \subset Y \subset X))$,

b) $A' = \{x \mid x \mathrel{\overline{\sqsubset}} A\}$,

c) $A' = B' \leftrightarrow A = B$, $A' \subset B' \leftrightarrow A \subset B$,

$$A' \subseteq B' \leftrightarrow A \subseteq B.$$

Beweis. $A$, $B$ seien Allmengen. a) folgt aus Definition 4 und der Vergleichbarkeit der Allmengen, wonach

$$X \subseteq Y \leftrightarrow Y \not\subset X$$

für Allmengen $X$, $Y$ gilt. b) Nach Satz 2b) ist

$$A' = \{x \mid x \mathrel{\ulcorner\!\!-} A'\}.$$

Es ist noch für jedes $x$ zu zeigen:

$$x \mathrel{\ulcorner\!\!-} A' \leftrightarrow x \mathrel{\overline{\sqsubset}} A.$$

Ist $x \mathrel{\ulcorner\!\!-} A'$ und wäre $A \mathrel{\ulcorner\!\!-} x$, so wäre für die Allmenge $X = \{y \mid y \mathrel{\ulcorner\!\!-} x\}$:

$$A \subset X \subset A'$$

im Widerspruch zu a); also ist $x \sqsubset A$. Ist umgekehrt $x \sqsubset A$, so auch $x \mathrel{\ulcorner\!\!-} A'$ wegen $A \subset A'$ und damit $A \mathrel{\ulcorner\!\!-} A'$. c) Ist $A = B$, so $A' = B'$. Ist $A \subset B$, so $A' \subseteq B \subset B'$, also $A' \subset B'$. Damit folgt auch $A' \subseteq B'$ aus $A \subseteq B$. Ist $A' = B'$, so $A = B$, da sonst $A \subset B$ oder $B \subset A$ wäre, also $A' \subset B'$ oder $B' \subset A'$, also $A' \neq B'$. Ist $A' \subset B'$, so $A \subset B$, da sonst $B \subseteq A$ wäre, also $B' \subseteq A'$. Damit folgt auch $A \subseteq B$ aus $A' \subseteq B'$. ∎

Mit Satz 6a) gilt insgesamt für Allmengen $A, X$:

$$A \subset A', \quad A \subset X \rightarrow A' \subseteq X, \quad \neg (A \subset X \subset A');$$

$A'$ ist in diesem Sinne die kleinste auf $A$ folgende Allmenge. Ist $A = \{x \mid x \mathrel{\ulcorner\!\!-} M\}$ für eine Menge $M$, so ist $A \mathrel{\sqsubset\!\sqsupset} M$, und Satz 6b) ergibt dann

$$A' = \{x \mid x \sqsubset M\}.$$

Die erste Behauptung von Satz 6c) besagt, daß jede Allmenge höchstens einen Vorgänger besitzt, so daß man im Falle der Existenz eines Vorgängers von dem eindeutig bestimmten Vorgänger sprechen kann.

Definition 5. Eine Allmenge $A$ ist ein *Allbereich*, falls $A$ ein Grenzbereich ist. ∎

Satz 7. *Für Mengen $A, B$ gilt:*

a) $A$ *Grenzbereich* $\leftrightarrow A \neq \Phi \wedge \forall x\, \exists y (x \mathrel{\ulcorner\!\!-} A \rightarrow x \mathrel{\ulcorner\!\!-} y \mathrel{\ulcorner\!\!-} A)$,

b) $A \mathrel{\sqsubset\!\sqsupset} B \,.\!\rightarrow\!.\, A$ *Grenzbereich* $\leftrightarrow B$ *Grenzbereich.*

Beweis. a) ($\rightarrow$) Ist $A$ ein Grenzbereich (vgl. Definition 5, § 4), so ist $A \neq \Phi$, und für jedes $x \in A$ gibt es ein $y \in A$ mit $x \mathrel{\ulcorner\!\!-} y$. Gäbe es ein $x \mathrel{\ulcorner\!\!-} A$ mit $y \sqsubset x$

für alle $y \mathrel{\ulcorner} A$, so wäre auch $y \sqsubset x$ für alle $y \in A$. Es muß dann ein $y \in A$ geben mit $y \sqsubseteq x$; denn im Falle $y \mathrel{\ulcorner} x$ für alle $y \in A$ wäre nach Satz 1c), g) $A \sqsubset x \mathrel{\ulcorner} A$. Für ein $y \in A$ mit $y \sqsubseteq x$ gibt es ein $z \in A$ mit $y \mathrel{\ulcorner} z$, also mit $x \mathrel{\ulcorner} z \mathrel{\ulcorner} A$ im Widerspruch zu $z \sqsubset x$ für alle $z \mathrel{\ulcorner} A$. ($\leftarrow$) Sei $A \neq \emptyset$ eine Menge, so daß es für jedes $x \mathrel{\ulcorner} A$ ein $y \mathrel{\ulcorner} A$ mit $x \mathrel{\ulcorner} y$ gibt. Für jedes $x \in A$ gibt es dann ein $y \mathrel{\ulcorner} A$ mit $x \mathrel{\ulcorner} y$. Wäre nun $z \sqsubset x$ für alle $z \in A$, so wäre nach Satz 1c), g) $A \sqsubset y \mathrel{\ulcorner} A$. Also gibt es ein $z \in A$ mit $x \mathrel{\ulcorner} z$. Damit ist $A$ insgesamt ein Grenzbereich. b) Sind $A, B$ gleichstufige Mengen, so gilt für jedes $x$:

$$x \mathrel{\ulcorner} A \leftrightarrow x \mathrel{\ulcorner} B. \quad (+)$$

Ist dann etwa noch $A$ ein Grenzbereich, so ist $B \neq \emptyset$, da sonst nach (+) $x \mathrel{\ulcorner} \emptyset$ für jedes $x \in A$ wäre, also $A \subseteq \boldsymbol{U}$, womit nach Satz 1 a) alle Elemente von $A$ gleichstufig wären (im Widerspruch zu Definition 5, § 4). Aus a) und (+) folgt schließlich auch

$$\forall x \exists y (x \mathrel{\ulcorner} B \rightarrow x \mathrel{\ulcorner} y \mathrel{\ulcorner} B).$$

Damit ist insgesamt $B$ nach a) ein Grenzbereich. ∎

Satz 7 b) liefert für jeden Grenzbereich $G$ die Existenz des Allbereiches

$$A = \{x \mid x \mathrel{\ulcorner} G\};$$

denn $A$ ist eine Allmenge mit $A \sqsubseteq G$. Im Rahmen der in Abschnitt 3 von § 1 entwickelten Anschauung über die Stufung der Objekte sind die Allbereiche diejenigen Mengen der Stufen $\omega$, $(\omega 2)$, $(\omega 3)$, ..., welche jeweils alle Objekte sämtlicher vorhergehender Stufen enthalten.

Satz 8. *Für Mengen $A$ und Objekte $a$ gilt:*

a) *$A$ Allbereich* $\leftrightarrow \exists G$ (*$G$ Grenzbereich* $\wedge$ $A = \{x \mid x \mathrel{\ulcorner} G\}$),

b) $\exists X (X$ *Allbereich* $\wedge\ a \in X)$.

*Für Allmengen A gilt:*

c) $A$ *Allbereich* $\leftrightarrow A \neq \boldsymbol{U} \wedge \forall X(X$ *Allmenge* $\wedge X \in A \rightarrow X' \in A)$,

$A$ *Allbereich* $\leftrightarrow A \neq \boldsymbol{U} \wedge \neg \exists X(X$ *Allmenge* $\wedge X' = A)$,

$A$ *Allbereich* $\leftrightarrow A \neq \boldsymbol{U} \wedge \neg \exists X\, X = \max \{Y \mid Y$ *Allmenge* $\wedge Y \subset A\}$,

d) $A \not\subset \boldsymbol{U} \subset A'$,

$A = \max \{Y \mid Y$ *Allmenge* $\wedge Y \subset A'\}$,

e) $A = \boldsymbol{U} \vee \exists X(X$ *Allmenge* $\wedge X' = A) \vee A$ *Allbereich.*

*Für Allbereiche A gilt:*

f) $A$ *ist diejenige Allmenge* $X$ *mit*

$\forall Y(Y$ *Allmenge* $\wedge Y \in A \rightarrow Y \subset X) \wedge$

$\forall Z(Z$ *Allmenge* $\wedge \forall Y(Y$ *Allmenge* $\wedge Y \in A \rightarrow Y \subset Z) \rightarrow X \subseteq Z)$

*und diejenige Allmenge* $X$ *mit*

$\forall Y(Y$ *Allmenge* $\wedge Y \in A \rightarrow Y \subset X) \wedge$

$\neg \exists Z(Z$ *Allmenge* $\wedge \forall Y(Y$ *Allmenge* $\wedge Y \in A \rightarrow Y \subset Z) \wedge Z \subset X)$.

Beweis. a) Ist $A$ ein Allbereich, so ist $A$ ein Grenzbereich mit $A = \{x \mid x \ulcorner\!\!- A\}$. Ist umgekehrt $A = \{x \mid x \ulcorner\!\!- G\}$ für einen Grenzbereich $G$, so ist $A$ nach den vorangegangenen Ausführungen ein Allbereich. b) Für jedes Objekt $a$ gibt es nach Axiom IV einen Grenzbereich $G$ mit $a \in G$. Dann ist $X = \{x \mid x \mathrel{\ulcorner\!\!-} G\}$ ein Allbereich mit $a \in X$. c) Ist $A$ ein Allbereich, so ist $A \neq \boldsymbol{U}$, da sonst alle Elemente von $A$ gleichstufig wären. Ist $X$ eine Allmenge mit $X \in A$, so gibt es ein $Y \in A$ mit $X \mathrel{\ulcorner\!\!-} Y$. Für die Allmenge $Z = \{x \mid x \mathrel{\ulcorner\!\!-} Y\}$ ist dann $X \subset Z \subset A$, also $X' \subseteq Z \subset A$, $X' \subset A$, $X' \in A$. Ist umgekehrt $A$ eine Allmenge mit $A \neq \boldsymbol{U}$, so ist $\boldsymbol{U} \subset A$, also $\boldsymbol{U} \in A \neq \Phi$. Sei außerdem noch $X' \in A$ für alle Allmengen $X \in A$. Ist dann $x \in A$ und $x \in \boldsymbol{U}$, so $x \mathrel{\ulcorner\!\!-} y \in A$ für $y = \boldsymbol{U}$; ist $x \in A$, $x \notin \boldsymbol{U}$ und $X = \{z \mid z \mathrel{\ulcorner\!\!-} x\}$, so ist $X \mathrel{\sqsubset\!\!\sqsupset} x \mathrel{\ulcorner\!\!-} A$, also $X \in A$, $X' \in A$, also $x \mathrel{\ulcorner\!\!-} y \in A$ für $y = X'$. Damit ist $A$ ein Allbereich. Aus der bewiesenen ersten Behauptung von c) folgt unmittelbar die zweite. Nach dem Aussonderungsprinzip existiert für jede Allmenge $A$ das Mengensystem

$$\begin{aligned} M &= \{Y \in \mathfrak{P}A \mid Y \textit{ Allmenge} \wedge Y \subset A\} \\ &= \{Y \mid Y \textit{ Allmenge} \wedge Y \subset A\}. \end{aligned}$$

Ist $X$ eine Allmenge mit $X' = A$, so gilt über Satz 6c) $Y \subseteq X$ für jede Allmenge $Y \subset A = X'$; damit ist $X = \max M$. Existiert umgekehrt $X = \max M$, so ist $X \subset A$, und es gibt keine Allmenge $Y$ mit $X \subset Y \subset A$; damit ist $X' = A$. Insgesamt gilt also

$$\exists X (X \textit{ Allmenge} \wedge X' = A) \leftrightarrow \exists X\, X = \max M,$$

womit aus der zweiten Behauptung von c) unmittelbar die dritte folgt. d) Für jede Allmenge $A$ ist $\boldsymbol{U} \subseteq A \subset A'$ und damit

$$A \not\subset \boldsymbol{U} \subset A'.$$

Außerdem ist $Y \subseteq A$ für jede Allmenge $Y \subset A'$, womit gilt:

$$A = \max \{Y \mid Y \textit{ Allmenge} \wedge Y \subset A'\}.$$

e) folgt aus der zweiten Behauptung von c). f) Jeder Allbereich $A$ ist eine Allmenge $X$ mit nach Satz 3 e)

$Y \subset X$ für alle Allmengen $Y \in A$ und mit $X \subseteq Z$ für alle Allmengen $Z$ mit $Y \subset Z$ für alle Allmengen $Y \in A$; denn wäre für eine Allmenge $Z$ unter der letzten Voraussetzung $Z \subset X$, so wäre $Z \in X$, also nach c) $Z' \in X = A$ bei $Z \subset Z'$ im Widerspruch zu $Y \subset Z$ für alle Allmengen $Y \in A$. Es gibt auch höchstens eine solche Allmenge $X$; denn sind $X_1$, $X_2$ solche Allmengen $X$, so gilt $X_1 \subseteq X_2 \subseteq X_1$, also $X_1 = X_2$. Damit ist die erste Behauptung von f) bewiesen, aus der sofort die zweite folgt. ∎

Satz 8 e) besagt, daß es drei Sorten von Allmengen gibt: $U$, die Nachfolger und die Allbereiche; diese drei Fälle schließen sich nach Satz 8 c), d) gegenseitig aus. Die Allbereiche sind diejenigen von $U$ verschiedenen Allmengen, welche keinen Vorgänger besitzen. Mit Satz 8 f) gilt in Analogie zu der entsprechenden Eigenschaft für Nachfolger (vgl. im Anschluß an Satz 6) insgesamt für Allbereiche $A$ und Allmengen $X$:

$$\forall Y(Y \textit{ Allmenge} \wedge Y \in A \rightarrow Y \subset A),$$

$$\forall Y(Y \textit{ Allmenge} \wedge Y \in A \rightarrow Y \subset X) \rightarrow A \subseteq X,$$

$$\neg\ (\forall Y(Y \textit{ Allmenge} \wedge Y \in A \rightarrow Y \subset X) \wedge X \subset A);$$

$A$ ist in diesem Sinne die kleinste auf alle Allmengen $Y \in A$ folgende Allmenge.

Satz 9. *Für Allbereiche $A$, $B$, $C$ und Mengensysteme $M$ von Allbereichen gilt*:

$$A \subseteq B \vee B \subseteq A \qquad (\textit{Vergleichbarkeit}),$$

$$M \neq \emptyset \rightarrow \exists X(X \in M \wedge \forall Y(Y \in M \rightarrow X \subseteq Y)) \qquad (\textit{Minimumbedingung}),$$

$$\exists X(X \textit{ Allbereich} \wedge A \subset X) \qquad (\textit{Unbeschränktheit}).$$

Beweis. Vergleichbarkeit und Minimumbedingung folgen unmittelbar aus den entsprechenden Aussagen in

Satz 4. Die Unbeschränktheit ergibt sich so: Zum Allbereich $A$ gibt es nach Satz 8 b) einen Allbereich $X$ mit $A \in X$; nach Satz 3 e) ist dann $A \subset X$. ∎

Aus der Vergleichbarkeit folgt wieder für Allbereiche $A, B$

$$A \subset B \vee A = B \vee B \subset A,$$

und diese drei Fälle schließen sich gegenseitig aus. Die Minimumbedingung besagt, daß für jede nicht leere Menge $M$ von Allbereichen das erste Element $\min M$ existiert. Speziell existiert der kleinste Allbereich; d. h. derjenige Allbereich $B$ mit $B \subseteq X$ für jeden Allbereich $X$. Es gibt nämlich höchstens einen derartigen Allbereich $B$, und ist $Y$ ein Allbereich und $M = \{X \mid X \textit{ Allbereich} \wedge X \subseteq Y\}$, so ist $M \neq \Phi$ und $B = \min M$ der kleinste Allbereich. Der kleinste Allbereich $B$ ist derjenige Allbereich, für den zu jeder Allmenge $A$ mit $\boldsymbol{U} \subset A \subset B$ der Vorgänger existiert. Nach Satz 3 b) ist $\boldsymbol{U}$ die kleinste Allmenge.

Die Nachfolger $A'$ von Allmengen $A$ und die Allbereiche $B$ lassen sich übersichtlich mittels Vereinigung und Potenzbildung aus $A$ und allen Allmengen $X \subset B$ darstellen, womit wir in folgendem Satz 10 c), d) den angekündigten Überblick über die Aufeinanderfolge der Allmengen erhalten.

Satz 10. *Für Mengen $M$ von Allmengen, Mengen $N$ von Allbereichen, Allmengen $A$ und Allbereiche $B$ gilt:*

a) $M \neq \Phi \rightarrow \bigcup M$ *Allmenge*,
$N \neq \Phi \rightarrow \bigcup N$ *Allbereich*,

b) *es existieren die Mengen*

$\{X \mid X \textit{ Allmenge} \wedge X \subset A\}$,
$\{X \mid X \textit{ Allbereich} \wedge X \subset A\}$,

c) $A' = A \cup \mathfrak{P} A$,

d) $B = \bigcup \{X \mid X \textit{ Allmenge} \wedge X \subset B\}$.

B e w e i s. a) Ist $M \neq \emptyset$ eine Menge von Allmengen, so ist $\bigcup M$ nach Satz 2 b) eine Allmenge, wenn wir zeigen können:

$$\forall x(x \ulcorner \bigcup M \to x \in \bigcup M).$$

Ist aber $x$ ein Objekt mit $x \ulcorner \bigcup M$, so muß $x \in \bigcup M$ gelten, da sonst $x \notin X$ für alle $X \in M$ wäre, also $X \sqsubset x$ für alle $X \in M$, woraus $y \ulcorner x$ für alle $y \in \bigcup M$ folgt und $x \notin U$ (im Falle $\bigcup M = \emptyset$ ist $U \in M$ und $U = \emptyset$ wegen $M \neq \emptyset$ und $X \neq \emptyset$ für jede Allmenge $X \neq U$); damit gilt über Satz 1 g) $\bigcup M \sqsubset x$ im Widerspruch zu $x \ulcorner \bigcup M$. Ist $N \neq \emptyset$ eine Menge von Allbereichen, so ist $\bigcup N$ nach eben eine Allmenge. Es ist dafür, daß $\bigcup N$ ein Allbereich ist, noch zu zeigen, daß $\bigcup N$ ein Grenzbereich ist. Trivial ist $\bigcup N \neq \emptyset$, da $N \neq \emptyset$ mindestens einen Allbereich $X \neq \emptyset$ besitzt. Ist $x \in \bigcup N$, so gibt es ein $X$ mit $x \in X \in N$ und ein $y \in X$ mit $x \ulcorner y$; dann ist auch $y \in \bigcup N$ mit $x \ulcorner y$. Also ist $\bigcup N$ insgesamt ein Grenzbereich. b) Für jede Allmenge $A$ existieren nach dem Aussonderungsprinzip die Mengen

$$\{X \in A \mid X \textit{ Allmenge}\} = \{X \mid X \textit{ Allmenge} \wedge X \subset A\},$$

$$\{X \in A \mid X \textit{ Allbereich}\} = \{X \mid X \textit{ Allbereich} \wedge X \subset A\}.$$

c) Für jede Allmenge $A$ ist $A' = \{x \mid x \sqsubset A\}$. Damit ist für jedes $x$ zu zeigen:

$$x \sqsubset A \leftrightarrow x \in A \cup \mathfrak{P} A.$$

Ist $x \sqsubset A$ und $x \ulcorner A$, so ist $x \in A$; ist $x \square A$, so ist $x$ nach Satz 1 d) eine Menge mit $y \ulcorner A$ für alle $y \in x$, also mit $x \subseteq A$, $x \in \mathfrak{P} A$. Ist umgekehrt $x \in A$, so ist $x \ulcorner A$; ist $x \in \mathfrak{P} A$, so ist $x \subseteq A$, $x \sqsubset A$. d) Sei $B$ ein Allbereich und nach b)

$$K = \{X \mid X \textit{ Allmenge} \wedge X \subset B\}.$$

Zu zeigen ist $B = \bigcup K$. Ist $x \in B$, so gibt es ein $y \in B$ mit $x \sqsubset y$, und für die Allmenge $X = \{z \mid z \sqsubset y\}$ gilt $x \in X \sqsubset\!\!\!\sqsupset y \sqsubset B$, also $x \in X \subset B$, $x \in X \in K$, womit $x \in \bigcup K$ ist; damit gilt $B \subseteq \bigcup K$. Ist umgekehrt $x \in \bigcup K$, so gibt es ein $X \in K$ mit $x \in X$, also mit $x \sqsubset X \sqsubset B$, womit $x \sqsubset B$, $x \in B$ ist; damit gilt auch $\bigcup K \subseteq B$. ∎

Während die Gesamtbereiche der Allmengen und der Allbereiche nach den Sätzen 4, 9 unbeschränkt sind, folgt aus Satz 10 a) die Beschränktheit jedes Mengensystems $M$ von Allmengen und jedes Mengensystems $N$ von Allbereichen:

$$\exists A\,(A \textit{ Allmenge} \wedge \forall X(X \in M \rightarrow X \subseteq A)),$$

$$\exists B\,(B \textit{ Allbereich} \wedge \forall X(X \in N \rightarrow X \subseteq B));$$

denn für $M = \Phi$ bzw. $N = \Phi$ ist die Behauptung trivial, und für $M \neq \Phi$ bzw. $N \neq \Phi$ ist gerade $\bigcup M$ bzw. $\bigcup N$ eine solche obere Schranke $A$ bzw. $B$. Satz 10 c), d) drückt aus, wie man sukzessiv alle Allmengen

$$\begin{aligned}
&U = A_0,\ A_1 = A_0',\ A_2 = A_1',\ \ldots,\\
&B_0 = A_\omega,\ A_{(\omega,1)} = A_\omega',\ A_{(\omega,2)} = A_{(\omega,1)}',\ \ldots,\\
&B_1 = A_{(\omega 2)},\ A_{(\omega 2,1)} = A_{(\omega 2)}',\ A_{(\omega 2,2)} = A_{(\omega 2,1)}',\ \ldots,\\
&B_2 = A_{(\omega 3)},\ A_{(\omega 3,1)} = A_{(\omega 3)}',\ A_{(\omega 3,2)} = A_{(\omega 3,1)}',\\
&B_3,\ \ldots,\ B_4,\ldots,\ B_5,\ \ldots
\end{aligned}$$

erhält: Ein Nachfolger $A'$ entsteht aus dem Vorgänger $A$ durch Zufügen sämtlicher Teilmengen $X \subseteq A$; ein Allbereich $B$ entsteht aus sämtlichen vorhergehenden Allmengen $A$ durch Vereinigung.

**3. Stufen.** Nach der in Abschnitt 3 von § 1 anschaulich entwickelten Stufung der Objekte läßt sich der Gesamtbereich der Objekte zerlegen in lauter Mengen $S$, welche jeweils alle mit einem vorgegebenen Objekt $a$ gleichstufigen Objekte enthalten. Das charakteristische Gemeinsame — also die Menge — aller Objekte, welche zu einem $a$ gleichstufig sind, ist offenbar die Stufe von $a$. Also können unsere Mengen $S$ als Stufen definiert werden:

Definition 6. Eine Menge $S$ heißt eine *Stufe*, falls gilt:

$$\exists a \forall x (x \in S \leftrightarrow x \sqsubset\!\sqsupset a). \quad \blacksquare$$

Satz 11. *Für Mengen $S$ gilt:*

a) $\forall x \exists Y \; Y = \{y \mid y \sqsubset\!\sqsupset x\}$,
$S$ *Stufe* $\leftrightarrow \exists a S = \{x \mid x \sqsubset\!\sqsupset a\}$,

b) $S$ *Stufe* $\leftrightarrow S \neq \Phi \wedge \forall x (x \in S \rightarrow S = \{y \mid y \sqsubset\!\sqsupset x\})$.

Beweis. a) Für Objekte $x, y$ gilt

$$y \sqsubset\!\sqsupset x \leftrightarrow y \sqsubseteq x \wedge y \sqsubset\!\sqsupset x,$$

womit nach den Axiomen III die Menge

$$\{y \mid y \sqsubseteq x \wedge y \sqsubset\!\sqsupset x\} = \{y \mid y \sqsubset\!\sqsupset x\}$$

existiert. Da also für jedes Objekt $a$ die Menge $\{x \mid x \sqsubset\!\sqsupset a\}$ existiert, folgt die zweite Behauptung von a) aus Definition 6. b) Ist $S$ Stufe, so gibt es ein $a$ mit

$$\forall x (x \in S \leftrightarrow x \sqsubset\!\sqsupset a).$$

Dann ist $a \in S$, also $S \neq \Phi$, und für jedes $x \in S$ ist $S = \{y \mid y \sqsubset\!\sqsupset x\}$ wegen für jedes $y$:

$$y \in S \overset{\circ}{\rightarrow} y \sqsubset\!\sqsupset a \sqsubset\!\sqsupset x \rightarrow y \sqsubset\!\sqsupset x \rightarrow y \sqsubset\!\sqsupset x \sqsubset\!\sqsupset a$$
$$\rightarrow y \sqsubset\!\sqsupset a \rightarrow y \in S$$

und damit

$$y \in S \leftrightarrow y \sqsubset\!\sqsupset x.$$

Ist umgekehrt $S \neq \Phi$ eine Menge mit $S = \{y \mid y \sqsubset\!\sqsupset x\}$ für jedes $x \in S$, so gilt für ein herausgegriffenes $a \in S : S = \{y \mid y \sqsubset\!\sqsupset a\}$, womit $S$ nach a) eine Stufe ist. ∎

Satz 12. *Für Objekte $a$ und Stufen $S$, $T$ gilt:*

a) $\exists X\, (X \text{ Stufe} \wedge a \in X)$,

b) $U \text{ Stufe} \leftrightarrow U \neq \Phi, \quad U \sqsubseteq S$,

c) $S \sqsubset\!\sqsupset T \leftrightarrow S = T \leftrightarrow S \sqsubseteq T \sqsubseteq S \leftrightarrow S \cap T \neq \Phi$,

d) $\exists X\, (X \text{ Stufe} \dot\wedge S \sqsubset X)$ (*Unbeschränktheit*).

Beweis. a) Für $a$ und die Stufe $X = \{x \mid x \sqsubset\!\sqsupset a\}$ gilt $a \in X$. b) Ist $U$ Stufe, so $U \neq \Phi$ nach Satz 11 b). Ist umgekehrt $U \neq \Phi$ und $a \in U$, so ist $U = \{x \mid x \sqsubset\!\sqsupset a\}$, also $U$ eine Stufe. Weiter ist $U \sqsubset\!\sqsupset \Phi \sqsubseteq S$, also $U \sqsubseteq S$, für jede Menge $S$. c) Seien $s, t$ Objekte und $S = \{x \mid x \sqsubset\!\sqsupset s\}$, $T = \{x \mid x \sqsubset\!\sqsupset t\}$. Ist dann $S \sqsubseteq T$, so auch $s \sqsubseteq t$; denn wäre $t \sqsubset s$, so wäre für jedes $x$:

$$x \in T \rightarrow x \sqsubset\!\sqsupset t \sqsubset s \rightarrow x \sqsubset s,$$

also $T \sqsubseteq s \in S$ nach Satz 1 g), also $T \sqsubseteq s \sqsubset S$, $T \sqsubset S$ im Widerspruch zu $S \sqsubseteq T$. Analog ist $t \sqsubseteq s$ unter der Voraussetzung $T \sqsubseteq S$. Damit gilt

$$S \sqsubset\!\sqsupset T \rightarrow s \sqsubset\!\sqsupset t \rightarrow S = T,$$

also insgesamt

$$S \sqsubset\!\sqsupset T \leftrightarrow S = T \leftrightarrow S \sqsubseteq T \sqsubseteq S.$$

Ist $S = T$, so $S \cap T \neq \Phi$ wegen $S \neq \Phi$. Ist umgekehrt $S \cap T \neq \Phi$ und $r \in S \cap T$, so ist nach Satz 11 b) $S = \{x \mid x \sqsubset\!\sqsupset r\}$, $T = \{x \mid x \sqsubset\!\sqsupset r\}$, also $S = T$. Damit gilt auch

$$S = T \leftrightarrow S \cap T \neq \Phi.$$

d) Zur Stufe $S$ gibt es nach a) eine Stufe $X$ mit $S \in X$, also mit $S \sqsubset X$. ∎

Aus Satz 12 a), c) folgt für beliebiges $a$:

$$\exists!!S(S\ \mathit{Stufe} \wedge a \in S).$$

Nach Axiom I 2. und Satz 1 h) gilt trivial für Stufen $S$, $T$ und Mengensysteme $M$ von Stufen:

$$S \sqsubseteq T \vee T \sqsubseteq S \qquad (\mathit{Vergleichbarkeit}),$$

$$M \neq \Phi \rightarrow \exists X(X \in M \wedge \forall Y(Y \in M \rightarrow X \sqsubseteq Y)) \qquad (\mathit{Minimumbedingung});$$

über Satz 12 c) gilt sogar:

$$M \neq \Phi \rightarrow \exists!!X(X \in M \wedge \forall Y(Y \in M \rightarrow X \sqsubseteq Y));$$

jede nicht leere Menge von Stufen besitzt also in bezug auf $\sqsubseteq$ eine eindeutig bestimmte *kleinste Stufe*. Nach Satz 12 b) ist $\boldsymbol{U}$ im Falle $\boldsymbol{U} \neq \Phi$ die kleinste Stufe. Während der Gesamtbereich der Stufen nach Satz 12 d) unbeschränkt ist, folgt aus Satz 12 a) die Beschränktheit jeder Menge $M$ von Stufen; denn ist $M \in S$ für die Stufe $S$, so ist $S$ in bezug auf $\sqsubseteq$ eine obere Schranke von $M$:

$$\forall X(X \in M \rightarrow X \sqsubseteq S).$$

Die Stufen führen zu Zerlegungen der Allmengen.

Definition 7. Ist $A$ eine Menge und $M$ ein Mengensystem, so heißt $M$ eine *Zerlegung* (eine *Partition*) oder eine *Klasseneinteilung* von $A$, falls gilt:

$$\Phi \notin M, \quad M\ \mathit{disjunkt}, \quad \bigcup M = A.$$

Ist $M$ eine Zerlegung von $A$, so heißen die Elemente von $M$ die *Klassen von $A$ bei der Zerlegung $M$* oder die *Komponenten* von $M$. ∎

Man beachte, daß zu einer Zerlegung $M$ einer Menge $A$ diese Menge $A$ als $\bigcup M$ eindeutig bestimmt ist.

Satz 13. *Für jede Allmenge $A$ existieren die Mengen*

$$M = \{X \in \mathfrak{P}A \mid X \textit{ Stufe}\}, \quad N = \{X \in A \mid X \textit{ Stufe}\},$$

*und es gilt:*

a) $N \subseteq M, \quad M = N \leftrightarrow A = \Phi \vee A$ *Allbereich,*

b) $A = \bigcup M$, *$M$ Zerlegung von $A$.*

*Für Allmengen $A$ und Stufen $S$ gilt:*

c) $A \in S \rightarrow A' = A \cup S \wedge A \cap S = \Phi$ .

Beweis. Für jede Allmenge $A$ existieren die angegebenen Mengen $M, N$ unmittelbar nach dem Aussonderungsprinzip. a) Ist $X$ eine Stufe mit $X \in A$, so gilt für jedes $x \in X : x \sqsubset A$, $x \in A$; damit ist $X \subseteq A$, $X \in \mathfrak{P}A$. Also gilt $N \subseteq M$. Für $A = \Phi$ ist $M = \Phi$, also $M \subseteq N$. Es ist noch zu zeigen:

$$M \subseteq N \wedge A \neq \Phi \leftrightarrow A \textit{ Allbereich.}$$

Sei $M \subseteq N$. Ist dann $x \in A$ und $X$ die Stufe mit $x \in X$, so ist $X \in M$, also $X \in N$ und damit $x \sqsubset X \in A$, womit $A$ ein Allbereich ist, falls noch $A \neq \Phi$ gilt. Sei umgekehrt $A$ ein Allbereich. Trivial ist $A \neq \Phi$. Ist $X \in M$, so ist $X$ eine Stufe mit $X \subseteq A$. Für ein existierendes $a \in X$ gibt es wegen $a \in A$ ein $b$ mit $a \sqsubset b \in A$ und für jedes $x$:

$$x \in X \rightarrow x \sqsubset\!\sqsupset a \sqsubset b \rightarrow x \sqsubset b .$$

Damit ist $X \sqsubseteq b \sqsubset A$, $X \sqsubset A$, $X \in A$, $X \in N$. Also gilt auch $M \subseteq N$. b) Trivial ist $\bigcup M \subseteq A$. Ist umgekehrt $x \in A$ und $X$ die Stufe mit $x \in X$, so ist $x \in X \in M$, also $x \in \bigcup M$; damit gilt auch $A \subseteq \bigcup M$. Aus $A = \bigcup M$, Satz 11 b) und Satz 12 c) folgt, daß $M$ eine Zerlegung von $A$ ist. c) Ist $A$ Allmenge und $S$ Stufe mit $A \in S$, so gilt für jedes $x$:

$$x \in A' \leftrightarrow x \sqsubseteq A \leftrightarrow x \sqsubset A \vee x \sqsubset\!\sqsupset A \leftrightarrow x \in A \vee x \in S,$$

womit $A' = A \cup S$ ist. Wäre $A \cap S \neq \Phi$ und $a \in A \cap S$, so wäre $a \ulcorner\!\!- A$ wegen $a \in A$ im Widerspruch zu $a \sqsubset A$ wegen $a \in S$; also ist $A \cap S = \Phi$. ∎
Satz 13 schildert gleichzeitig, wie sich jede von $U$ verschiedene Allmenge mittels Stufen zusammensetzen läßt: Ein Nachfolger ist die Vereinigung des Vorgängers mit der Stufe des Vorgängers, ein Allbereich ist die Vereinigung aller in ihm als Element enthaltenen Stufen.

Damit beenden wir die Ausführungen über den Stufenaufbau der Objekte. Von nun an ist unsere Mengenlehre frei von Stufentechnik, und von den beiden Beziehungen $\in$, $\sqsubset$ wird stets $\in$ als die Kernbeziehung der Mengenlehre im Vordergrund stehen. Man hat aber von vornherein die Stufung — vor allem in Form der Allmengen — stets zur Verfügung, wenn man sie braucht (wie im zweiten Band für die Darstellung der Mathematik innerhalb der Mengenlehre oder im dritten Band für die Erweiterung des elementaren Axiomensystems). Die Allmengen mit ihren in diesem Paragraphen bewiesenen Eigenschaften bilden ein bequemes Rahmenskelett der Mengenlehre, in welchem Mathematik stattfindet.

Nachdem wir im vorliegenden ersten Band die elementare axiomatische Grundlage der Mengenlehre und damit der Mathematik kennengelernt haben, werden wir uns im zweiten Band den Grundbegriffen der axiomatischen Mengenlehre zuwenden, den Grundbegriffen natürlich in einem weiteren Sinne, nicht im Sinne der Grundzeichen (Ausdrucksmittel) von Abschnitt 7, § 2 dieses ersten Bandes.

**4. Zusammenfassung der Begriffe.** Für Mengen $A$ und Mengensysteme $M$ gilt:

$$A \text{ Allmenge} \leftrightarrow \exists X\,(X \text{ Menge} \wedge A = \{x \mid x \ulcorner\!\!- X\}),$$

$$\exists X(X \in M \wedge \forall Y(Y \in M \rightarrow X \subseteq Y)) \rightarrow$$
$$\min M = \iota X(X \in M \wedge \forall Y(Y \in M \rightarrow X \subseteq Y)),$$

$$\exists X(X \in M \wedge \forall Y(Y \in M \rightarrow Y \subseteq X)) \rightarrow$$
$$\max M = \iota X(X \in M \wedge \forall Y(Y \in M \rightarrow Y \subseteq X)),$$

$\mathfrak{P}A = \{X \mid X \subseteq A\}$,

$A$ *Stufe* $\leftrightarrow \exists a\, A = \{x \mid x \sqsubset a\}$,

$M$ *Zerlegung von* $A \leftrightarrow \Phi \notin M$, $M$ *disjunkt*, $\bigcup M = A$.

Für Allmengen $A$, $B$ gilt:

$A' = \iota X (X$ *Allmenge* $\wedge A \subset X \wedge \forall Y$ $(Y$ *Allmenge*
$\wedge A \subset Y \to X \subseteq Y))$,

$A$ *Vorgänger von* $B \leftrightarrow A' = B$,

$A$ *Allbereich* $\leftrightarrow A$ *Grenzbereich*.

## Literaturverzeichnis

Es wird ein Überblick über die international vorliegende Hochschul-Lehrbuchliteratur zur Allgemeinen Mengenlehre gegeben.

ABBOTT, J. C., Sets, lattices and Boolean algebras; Boston 1969.

ABIAN, A., The theory of sets and transfinite arithmetic; Philadelphia-London 1965.

АЛЕКСАНДРОВ, П. С., Введение в общую теорию множеств и функций; Москва-Ленинград 1948.

ALEXANDROFF, P. S., Einführung in die Mengenlehre und die Theorie der reellen Funktionen; Berlin 1967.

BACHMANN, H., Transfinite Zahlen; Berlin-Heidelberg-New York 1967.

BERNAYS, P., FRAENKEL, A. A., Axiomatic set theory; Amsterdam 1968.

BOREL, E., Elements de la théorie des ensembles; Paris 1949.

BOURBAKI, N., Théorie des ensembles; Paris 1954 (Kapitel I, II) und 1956 (Kapitel III).

BREUER, J., Introduction to the theory of sets; Englewood Cliffs, N. Y. 1958.

CHRISTIAN, R., Introduction to logic and sets; Boston 1958.

COHEN, P. J., Set theory and the continuum-hypothesis; New York-Amsterdam 1966.

FITTING, M. C., Intuitionistic logic, model theory and forcing; Amsterdam-London 1969.

FRAENKEL, A. A., Zehn Vorlesungen über die Grundlegung der Mengenlehre; Leipzig-Berlin 1927.

FRAENKEL, A. A., Einleitung in die Mengenlehre; Berlin 1928.

FRAENKEL, A. A., Mengenlehre und Logik; Berlin 1959.

FRAENKEL, A. A., Abstract set theory; Amsterdam 1966.

FRAENKEL, A. A., BAR-HILLEL, Y., Foundations of set theory; Amsterdam 1958.

GÖDEL, K., The consistency of the axiom of choice and of the generalized continuum-hypothesis with the axioms of set theory; Princeton 1961.

HALMOS, P. R., Naive set theory; Princeton N.Y.-Toronto-London-NewYork 1960.

HALMOS, P. R., Naive Mengenlehre; Göttingen 1969.

HAMILTON, N., LANDIN, J., Set theory: the structure of arithmetic; Boston 1961.

HAO WANG, MCNAUGHTON, R., Les systèmes axiomatiques de la théorie des ensembles; Paris-Louvain 1953.

HAUSDORFF, F., Grundzüge der Mengenlehre; Leipzig 1914.

HAUSDORFF, F., Mengenlehre; Berlin-Leipzig 1935.

HAUSDORFF, F., Set theory; New York 1957.

HAYDEN, S., KENNISON, H. F., Zermelo-Fraenkel set theory; Columbus, Ohio 1968.

HESSENBERG, G., Grundbegriffe der Mengenlehre; Göttingen 1906.

JENSEN, R. B., Modelle der Mengenlehre; Berlin-Heidelberg-New York 1967.

KAMKE, E., Theory of sets; New York 1950.

KAMKE, E., Mengenlehre; Berlin 1962.

KEENE, G. B., Abstract sets and finite ordinals; Oxford-London-New York-Paris 1961.

KLAUA, D., Konstruktion ganzer, rationaler und reeller Ordinalzahlen und die diskontinuierliche Struktur der transfiniten reellen Zahlenräume; Berlin 1961.

KLAUA, D., Allgemeine Mengenlehre; Berlin 1968 (Band I) und 1969 (Band II).

KRIVINE, J. L., Introduction to axiomatic set theory; Dordrecht 1971.

KRUSE, A. H., Localization and iteration of axiomatic set theory; Detroit 1969.

KURATOWSKI, K., Einführung in die Mengenlehre und Topologie (Polnisch); Warszawa 1955.

KURATOWSKI, K., Introduction to set theory and topology; Oxford-London-New York-Paris-Warszawa 1961.

KURATOWSKI, K., MOSTOWSKI, A., Mengenlehre (Polnisch); Warszawa-Wrocław 1952.

KURATOWSKI, K., MOSTOWSKI, A., Set theory; Warszawa-Amsterdam 1968.

MENDELSON, E., Introduction to mathematical logic; Princeton-Toronto-New York-London 1964.

MORSE, A. P., A theory of sets; New York-London 1965.

MOSTOWSKI, A., Constructible sets with applications; Warszawa-Amsterdam 1969.
QUINE, W. V., Mathematical logic; Cambridge Mass. 1951.
QUINE, W. V., From a logical point of view; Cambridge Mass. 1953.
QUINE, W. V., Set theory and its logic; Cambridge Mass. 1969.
ROSSER, J. B., Simplified independence proofs, New York-London 1969.
ROTMAN, S., KNEEBONE, S. T., The theory of sets and transfinite numbers; London 1966.
RUBIN, H., RUBIN, J., Equivalents of the axiom of choice; Amsterdam 1963.
SAARNIO, U., Das System und die Darstellung der transfiniten Ordnungszahlen mit Hilfe der höheren Rechenoperationen; Helsinki 1958.
SCHMIDT, J., Mengenlehre I; Mannheim 1966.
SCHOENFLIES, A., Entwickelung der Mengenlehre und ihrer Anwendungen; Leipzig-Berlin 1913.
SHOENFIELD, J. R., Mathematical logic; Reading (Mass.)-Menlo Park (Cal.)-London-Don Mills (Ontario) 1967.
SIERPIŃSKI, W., Hypothèse du continu; Warszawa-Lwow 1934.
SIERPIŃSKI, W., Leçons sur les nombres transfinis; Paris 1950.
SIERPIŃSKI, W., Algèbre des ensembles; Warszawa-Wrocław 1951.
SIERPIŃSKI, W., Cardinal and ordinal numbers; Warszawa 1965.
SIGLER, L. E., Exercises in set theory; Princeton N.Y.-Toronto-New York-London 1966.
SKOLEM, TH. A., Abstract set theory; Notre Dame, Indiana 1962.
SŁUPECKI, J., BORKOWSKI, L., Elements of mathematical logic and set theory; Warszawa-Oxford-London-Edinburgh-New York-Toronto-Sydney-Paris-Braunschweig 1967.
STOLL, R. R., Set theory and logic; San Francisco-London 1963.
SUPPES, P., Axiomatic set theory; Princeton N.Y.-Toronto-London-New York 1960.
ZEHNA, P., JOHNSON, R., Elements of set theory; Boston 1962.

## Symbol-Liste

## Namen- und Sachregister

*Der Autor*

- **betrachtet die allgemeine Mengenlehre als modernes Fundament der Mathematik**

- **diskutiert ausführlich die inhaltlichen Voraussetzungen der axiomatischen Mengenlehre**

- **entwickelt ein elementares Axiomensystem der Mengenlehre**

- **setzt keine mathematischen Kenntnisse voraus und wendet sich an Schüler der oberen Klassen, Studenten in den Anfangssemestern, wissenschaftliche Mitarbeiter und Dozenten an Universitäten und Hochschulen, Diplommathematiker und Lehrer**

WISSENSCHAFTLICHE TASCHENBÜCHER

MIX
Papier | Fördert gute Waldnutzung
FSC® C083411

Zeitfracht Medien GmbH
Ferdinand-Jühlke-Straße 7
99095 Erfurt, Deutschland
produktsicherheit@kolibri360.de